Lass das nicht die Paviane wissen

 Ich distanziere mich von diesem Buch.

Bibliografische Information der Deutschen Nationalbibliothek
Die Deutsche Nationalbibliothek verzeichnet diese Publikation in
der Deutschen Nationalbibliografie; detaillierte bibliografische
Daten sind im Internet über http://dnb.d-nb.de abrufbar.

ISBN 978-3-89639-856-7
© Wißner-Verlag Augsburg 2012

Cover	Lisa Schwenk
Covergrafik	Max Schindele
Repro	Alfred Neff
Lektorat	Michael Friedrichs

Barbara Jantschke

Lass das nicht die Paviane wissen

Geschichten aus dem Augsburger Zoo

mit Grafiken von Studierenden
der Hochschule Augsburg

Inhalt

Vorab

Der Zoo Augsburg ist nun 75 Jahre jung. Das ist sicherlich ein Grund zu feiern, und natürlich bietet uns das auch die Gelegenheit, zurückzublicken auf 75 Jahre Zoologischer Garten (vormals Tiergarten) Augsburg.

Mit diesem Buch wollen wir ganz bewusst kein Werk über die historische Entwicklung des Zoos machen, davon gibt es genug. Nein, es sollte ein regionales, speziell auf Augsburg zugeschnittenes, eher anekdotisches Büchlein werden. Denn es gibt einiges zu erzählen, wie Sie auf den folgenden Seiten erkennen werden. Oftmals, wenn wir in einer Pause ein historisches Erlebnis Revue passieren ließen, kam uns der Gedanke, dass alle diese Geschichten es wert wären, aufgeschrieben und einer größeren Öffentlichkeit mitgeteilt zu werden. Bisher bekamen diese Anekdoten beispielsweise Teilnehmer einer Abendführung zu hören. Mit diesem Buch wird das jetzt anders, und sofort entstand bei uns die Frage: Was können wir dann künftig bei den Abendführungen berichten?

Allerdings macht mir das nicht wirklich Angst, denn in einem Zoo passiert immer etwas. Lustige und tragische Dinge, Denkwürdiges mit Besuchern, mit Mitarbeitern und natürlich mit den Tieren. Beim Sammeln der verschiedenen Episoden ist mir auch klar geworden: Um über manche Ereignisse lachen zu können, muss wahrscheinlich erst einige Zeit ins Land gegangen sein.

Nicht alle Geschichten, die Sie hier finden, sind zu meiner Amtszeit im Zoo passiert. Einige sind schon viel früher geschehen, und die Tiere, die darin vorkommen, leben schon lange nicht mehr. Aber vielleicht kann sich der eine oder andere Leser noch daran erinnern, und sicherlich sind sie es wert erzählt zu werden.

So bleibt mir jetzt nur noch, Ihnen viel Spaß beim Lesen zu wünschen – und besuchen Sie doch einmal wieder den Augsburger Zoo (oder den „Tiergarten", wie er noch bei vielen Augsburgern heißt), damit Sie die einzelnen Örtlichkeiten und insbesondere die tierischen Persönlichkeiten der Geschichten selbst in Augenschein nehmen können.

Ihre Barbara Jantschke

75 Jahre Augsburger Zoo

Eigentlich ist die Überschrift nicht richtig – denn exotische Tiere wurden in Augsburg von Johannes Fugger schon im 16. Jahrhundert gehalten. Vor dem Ersten Weltkrieg gab es im Stadtgarten einen sogenannten Tierhag mit Bären, Affen und Greifvögeln. Der dann aufgegeben wurde, da „kein männliches Personal für die Pflege" mehr vorhanden war.

Die Institution, von der in diesem Buch die Rede ist und die tatsächlich im Jahr 2012 ihren 75. Geburtstag feiert, existiert als Zoo aber auch erst seit den 80er Jahren des 20. Jahrhunderts. Die ersten 50 Jahre war es der „Tiergarten Augsburg", und viele alteingesessene Augsburger sprechen immer noch vom Tiergarten.

Aber egal, wie die Bezeichnung ist, der Augsburger Zoo, Tiergarten oder Tierpark wird 75 Jahre alt, und dass dies so ist, das ist in erster Linie den Augsburger Bürgern zu verdanken, die nach dem Ersten Weltkrieg dafür gesorgt haben, dass ein Tiergarten gegründet wurde und dieser nach dem Zweiten Weltkrieg wiedereröffnet und weitergeführt wurde.

Dr. Ludwig Wegele, der Leiter des Augsburger Stadtverbandes, gründete im Mai 1936 eine „Arbeitsgemeinschaft Tiergarten", der etwa ein Dutzend namhafter Augsburger angehörte. Diese Arbeitsgemeinschaft sollte die Idee weiter verfolgen. Im gleichen Jahr gab es ein Preisausschreiben zur Namensfindung des zu gründenden Tierparks. Interessanterweise wurde der Begriff Zoo ausgeschlossen, da dieser Name in Zusammenhang mit Unterhaltung und Belustigung der Besucher gesehen wurde. Die in Augsburg zu gründende Institution sollte vielmehr der Belehrung dienen, eine Stätte der Erholung sein und eine Schule der Naturverbundenheit insbesondere für die Jugend. Es sollten auch ausschließlich heimische Tierarten gezeigt werden. Überraschend schnell wurde die Idee umgesetzt, und die Eröffnung fand statt am 12. Juni 1937 – ein schlechter Zeitpunkt für die Eröffnung eines Zoos am Vorabend des Zweiten Weltkriegs. Die Augsburger Bevölkerung war begeistert von ihrem Tiergarten, und 1939 besuchten bereits über 80 000 Personen den Park.

Im Zweiten Weltkrieg wurde dann der Februar 1944 zum Verhängnis, als bei einem Tagesangriff große Teile von Augsburg und auch das Tierparkgelände förmlich umgepflügt wurde.

Nach Kriegsende wurde sofort mit Aufbauarbeiten begonnen, es wurden Bombentrichter gefüllt, Wasserläufe notdürftig instand gesetzt, Gehege und Stallungen repariert, so dass bereits im Sommer 1946 wieder eröffnet werden konnte.

In den Nachkriegsjahren war die Führung durch einen Verein nicht realisierbar, und so verpachtete die Stadt Augsburg das gesamte Gelände unentgeltlich an den Direktor des Tierparks Hellabrunn, Dr. Heinz Heck. Dieser berief am 1. Juli 1947 Prof. Dr. Georg Steinbacher zum Leiter des Augsburger Tiergartens. In diesem Jahr besuchten schon 122 000 Personen den Tierpark.

Nach einigen Querelen im Zusammenhang mit der Verpachtung stand der Weiterbestand der Institution wieder zur Diskussion. Die Augsburger Bevölkerung stellte sich aber erneut hinter ihren Tiergarten und setzte sich für den Erhalt ein. 1953 wurde der Vertrag mit Dr. Heck gelöst und am 1. April 1953 wurde die Tiergarten Augsburg GmbH gegründet. Der Leiter blieb Prof. Dr. Steinbacher bis zum 31. August 1978. Als ausgewiesener Ornithologe war ihm der Vogelbestand ein Anliegen, und der Tiergarten wurde zu einem Mekka der Vogelhaltung.

Am 1. September 1978 übernahm Dr. Michael Gorgas die Leitung. In seiner Amtszeit wurden viele Tierhäuser gebaut. Die Vogel-Tropenhalle, das Tigerhaus, das Löwenhaus und das Afrika-Panorama entstanden. Immer mehr exotische Arten zogen ein, der Tiergarten Augsburg wurde zum Zoo, was sich letztendlich auch in der Namensänderung niederschlug.

2002 übernahm ich als Leiterin den Zoo Augsburg, und seither wird versucht, den Schwerpunkt auf die Nähe zum Tier zu legen. Begehbare Gehege wie die neue Katta-Anlage sind entstanden. Viele der Häuser, Stallungen und Außenanlagen wurden – häufig auch mit Hilfe des Freundeskreises des Augsburger Zoo e.V. – renoviert, saniert oder neu gebaut. Auf dem Afrika-Panorama zogen die Nashörner ein. Die Zusammenarbeit mit regionalen Naturschutzverbänden wurde intensiviert, gemeinsame Projekte wurden umgesetzt. Mein Ziel ist es, den Besuchern regelmäßig kleine Neuheiten zu bieten, deren Umsetzung kostengünstig sind, den Zoobesuch aber attraktiver machen.

Immer schön, Sie bei uns zu sehen

Durch die modernen Medien haben sich die allgemeinen Kenntnisse über die Tierwelt stark erweitert. Waren es in den ersten Jahrzehnten nach dem Krieg vor allem Kinofilme, etwa von Disney oder Grzimek, die uns Tiere aus entlegenen Ländern in oft wunderschönen Aufnahmen nahebrachten, so hat diese Aufgabe längst das Fernsehen übernommen. Und auf diese Weise werden sogar aktuelle Forschungsergebnisse über exotische Tierarten rasch zu weit verbreitetem Wissen.

Damit kann ein Zoo eigentlich gar nicht mithalten, oder? Wir können die Nashörner nicht in ihrer natürlichen Umgebung zeigen, die Löwen nicht bei der Jagd, die Kraniche nicht beim Flug ins Winterquartier. Und doch erfreuen sich Zoos weiterhin großer Beliebtheit. Unser Augsburger Zoo hat sogar in den letzten Jahren eine deutliche Steigerung bei den Besucherzahlen erlebt, was uns sehr freut. Und natürlich auch anspornt, den Erwartungen unseres Publikums – und den Bedürfnissen unserer Tiere – immer besser zu entsprechen.

Nur bei uns im Zoo sieht man die wirklichen Tiere. Der Slogan des Augsburger Zoos ist daher nicht ohne Grund: „Tiere erleben wie sie wirklich sind". Man kann sie in Ruhe beobachten, ihre Größe erkennen, kann sie riechen. Und wenn man häufiger kommt, erkennt man Veränderungen. Es gibt jeden Monat Veränderungen im Tierbestand, über die wir in unserem Newsletter und auf der Facebookseite berichten. Es gibt auch bauliche Veränderungen – dank der Unterstützung unserer Freunde und Sponsoren haben wir fast immer ein paar Baustellen. Aber auch die Tiere selber ändern sich, sie werden älter, leben mit Partnern und vielleicht mit Kindern zusammen. Wer häufiger kommt und sie genau beobachtet, kann sie als Individuen kennen lernen, nicht nur als Vertreter ihrer Gattung.

Dazu soll auch dieses kleine Buch ein Beitrag sein. Es erzählt Geschichten von einigen unserer Tiere, man kann ruhig sagen von Persönlichkeiten. Es sind einprägsame Erlebnisse, die uns Überraschungen verschiedenster Art bereitet haben – manchmal nur im Nachhinein amüsant. Sie haben uns geholfen, die Tiere besser zu verstehen, und wir hoffen, auch Sie, unsere Besucher, finden sie interessant.

Watussi oder
Das Ende der Geduld

Watussi-Rinder sind oftmals ein wenig schwerfällig, oder man könnte auch sagen: traditionsverhaftet. Jedenfalls mögen sie Neuerungen nicht so besonders und brauchen ziemlich lange, bis sie sich umgewöhnt haben. In jüngster Vergangenheit hat sich dies gezeigt, als sie ihren neuen Stall, genau gegenüber von ihrem bisherigen, beziehen sollten. Tagelang standen sie vor der nicht mehr vorhandenen Brücke und wollten unbedingt dort hinüber gehen. Das leckerste Heu, das ihnen auf die neue Brücke gelegt wurde, nützte nichts. Erst nach mehreren Tagen entschied die Leitkuh, dass die neue Brücke nicht gefährlich sei, und seither fühlen sie sich auch in ihrem neuen Stall zu Hause.

Eine ähnliche Episode, nur mit etwas aufregenderem Verlauf, passierte bereits einmal vor 25 Jahren. Als damals die Elefantenanlage erweitert wurde, musste die Watussibrücke um etwa 20 Meter versetzt werden. Unsere Besucher erinnern sich sicher: Die Watussis liefen bis vor ein paar Jahren über eine Brücke, dann über den Besucherweg und einen schmalen Steig an der Elefantenanlage entlang in ihren damaligen Stall. Die Querung des Besucherweges war für jemanden, der dies zum ersten Mal sah, eine spannende Sache. Aber die Watussirinder trotteten immer brav eines hinter dem anderen in den Stall. Immer? Fast immer – denn wenn etwas umgebaut wird und Neuerungen auftreten, kann es natürlich zu Unvorhergesehenem kommen. So wurde vorsichtshalber vor der ersten Benutzung der neuen Brücke der Besucherweg durch Fahrzeuge versperrt, so dass die Rinder gar nicht anders konnten, als den richtigen Weg einzuschlagen. So die Theorie, die auch bei den Kühen tadellos funktionierte. Der Stier hatte das aber vielleicht nicht so ganz mitbekommen, jedenfalls stand er plötzlich alleine auf dem Afrika-Panorama und wurde ein wenig nervös. Nach einiger Zeit ließ er sich dann doch dazu überreden, die Brücke zu überqueren. Aber als er auf dem Besucherweg stand, war sein Vorrat an Mitwirkungsbereitschaft definitiv erschöpft. Er ging einfach keinen Schritt weiter. Als dann die Zoomitarbeiter versuchten, ihn in Richtung Stall zu dirigieren, war für ihn Schluss mit lustig. Mit einem Satz überwand er den Traktorhänger, der als Absperrung hätte dienen sollen, und machte sich auf dem Besucherweg in Richtung Giraffenhaus davon.

Große Aufregung, denn ungefährlich ist ein mittlerweile etwas aufgebrachter Watussistier nicht. So wurde die Kasse verständigt, dass erst einmal niemand mehr den Zoo betreten darf. Die bereits anwesenden Besucher wurden in die Tierhäuser gebracht und dort festgehalten. Mit unterschiedlicher Begeisterung – besonders die Besucher, die im Pavianhaus bleiben mussten, fingen an zu meutern, wegen

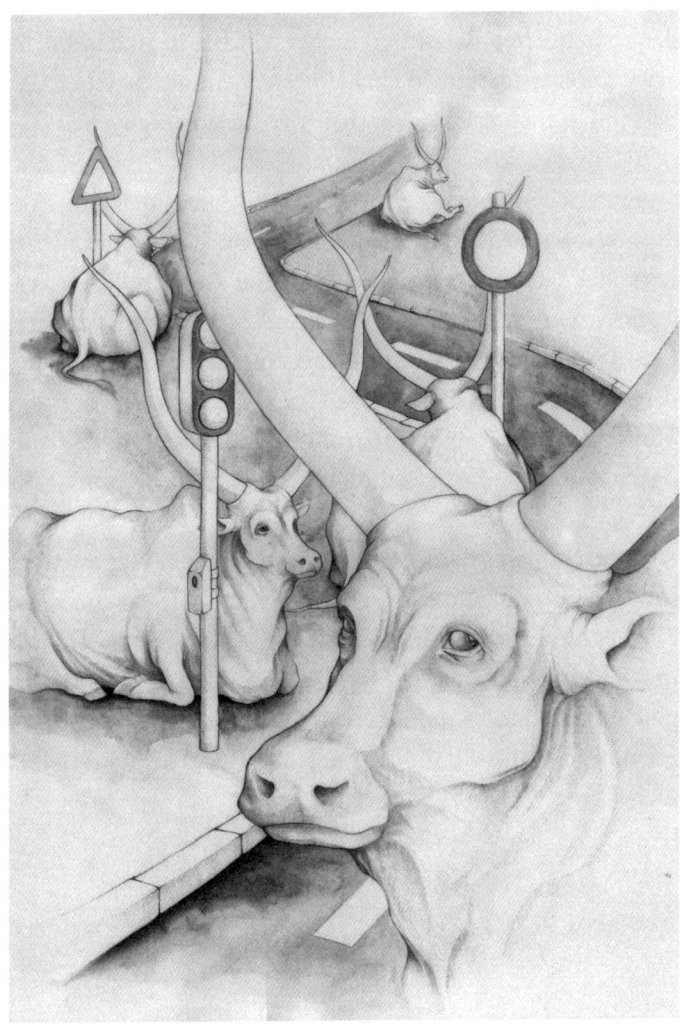

der geruchlichen Belastung. Lieber würden sie sich mit dem Stier auseinandersetzen, behaupteten einige … Aber das half ihnen nichts, die Sicherheit der Besucher ging vor.

Inzwischen wurde der Stier einige Male durch den Zoo dirigiert, leider fand er den Abzweig in seinen Stall nicht. Und bei jedem Durchgang wurde er verständlicherweise noch ein wenig unleidlicher und auch angriffslustiger. Das Resultat war eine Attacke gegen einen Tierpfleger, bei der er dessen Arbeitsjacke zerriss. Dabei verfing sich ein Stofffetzen auf seinen Hörnern. Im Nu lief die Information durch den Zoo, dass er schon einen erwischt hätte …

Letztendlich gelang es, den Stier mit einem Narkosepfeil soweit zu beruhigen, dass er mithilfe eines Stricks um seine Hörner und kräftiger Unterstützung durch einen Traktor in Richtung Stall gezogen werden konnte. Somit gab es ein glückliches Ende, und schon in den nächsten Tagen war für unsere Watussi das Überqueren der Brücke kein Thema mehr.

Manchmal kann man doch fliegen

Pelikane

Zu meiner Zeit haben sich zwei Geschichten zu den Ausbrüchen von Pelikanen ereignet – wobei man weniger von Ausbrüchen, sondern von eigenmächtigem Verlassen des Geheges sprechen sollte.

Einmal passierte es bei unserer jährlichen Impfung gegen Geflügelgrippe, bei der jeder Pelikan eine Spritze bekommt. Als Zoo-Mitarbeiter dabei waren, die Vögel einzufangen, wollten zwei Pelikane flüchten und kletterten über die niedrige Absperrung des Teiches. Das wäre nicht weiter schlimm gewesen. Da Zoopelikane üblicherweise nicht fliegen können, hätte man sie auf dem Besucherweg relativ schnell mit dem Kescher wieder einfangen können. Allerdings sind sie in ihrer Aufregung über die Absperrungsmauer in den Paviangraben gelangt und dort umhergeschwommen. Jetzt wurden die menschlichen Beteiligten ein wenig nervös, denn Paviane können einen Pelikan durchaus überwältigen. Also rannten zwei Tierpfleger mit Netzen auf die Anlage und fischten die beiden Vögel, die nun doch ziemlich verunsichert waren, aus dem Graben. Das Interessanteste daran (und als die Gefahr für die Pelikane vorbei war, konnte man herzlich darüber lachen) war, dass in der ganzen Hektik, als alle durcheinander liefen und Panik verbreiteten, während die Pelikane in Richtung Pavianinsel schwammen, alle 50 Paviane auf dem Klettergerüst saßen und keinen Mucks machten. Offensichtlich war ihnen die Sache überhaupt nicht geheuer; sie haben sicherlich die ganze Aufregung realisiert und sich gedacht: „Jetzt verhalten wir uns erst einmal so, als ob wir überhaupt nicht da wären." Erst als die Vögel und Pfleger wieder das Gehege verlassen hatten, ging ein Riesengeschrei los – alle Affen regten sich furchtbar auf und machten Drohgebärden über den Graben. Menschlich betrachtet hatte man den Eindruck, dass sie sich jetzt erst einmal darüber austauschen mussten, was soeben geschehen war. Nachdem

 Es war völlig anders, aber mich fragt ja keiner.

auch die Menschen mit den gefährlichen Keschern wieder verschwunden waren, konnte man einmal so richtig herumkrakeelen, sich über die unerhörten Vorkommnisse ereifern und zeigen, wie stark man eigentlich ist.

Im zweiten Fall war bei einem Krauskopfpelikan versäumt worden, ihm rechtzeitig die Flügel zu stutzen. Irgendwann entschied er sich, dass es ihm auf dem benachbarten Teich bei den Kormoranen wesentlich besser gefallen würde als bei den Pelikanen. Beim Versuch ihn einzufangen erhob er sich in die Lüfte, und einigen zufällig anwesenden Fotografen gelangen beeindruckende Bilder „Fliegender Pelikan vor wolkenlosem Himmel" – Schnappschüsse, wie sie wahrscheinlich noch in keinem Zoo gemacht worden sind. Leider hat sich der Vogel beim Landen dann den Flügel verletzt, so dass ein tierärztlicher Eingriff notwendig wurde. Letzten Endes hat er aber alles gut überstanden und wird wohl so schnell keine Ausflüge mehr machen.

Hornrabe im Siebentischwald

Ähnliches ist auch mit einem unserer Hornraben passiert. Als der Schnitt der Schwungfedern versäumt wurde und der Wind einigermaßen günstig stand, ist der Vogel über die Gehegebegrenzung geflogen. Zunächst hat er sich noch in den Bäumen der Umgebung aufgehalten, leider unerreichbar zum Einfangen. Dann verließ er das Zoogelände und wurde tagelang nicht mehr gesichtet. Da die Umgebung des Zoos und das Siebentischwaldgelände ziemlich rege von Spaziergängern besucht werden, haben wir uns nicht allzu große Sorgen gemacht, dass er ganz verschwinden könnte. Dennoch würde es immer noch das Problem des Einfangens geben, wenn er denn gesichtet werden würde.

Umso überraschter waren wir, als eines Tages ein Spaziergänger den Hornraben in einen Mantel gewickelt in den Zoo brachte. Der Herr verdient noch immer meine Hochachtung, denn die Schnäbel dieser Vögel sind doch Respekt einflößend groß. So war unser Ausreißer wieder glücklich im Zoo zurück. Zumindest wir waren glücklich, und er selber wirkte auch etwas erleichtert, wenn man das von einem Hornraben sagen kann. Es ist uns eine Lehre gewesen, so etwas ist uns nicht noch einmal passiert.

Nasenbären als Ausbruchskünstler

Die Anlage gegenüber dem Flamingoteich sollte neu besetzt werden. Bis 2001 befand sich dort ein Pärchen Kleiner Pandas, aber ich stellte mir stattdessen Nasenbären vor: Das sind hochattraktive Tiere, die den ganzen Tag unterwegs sind und bis in die dünnsten Zweige klettern können. Geeignete Kandidaten waren schnell geortet: Die Stuttgarter Wilhelma war sehr erfreut, für zwei Männchen und zwei Weibchen einen schönen Platz gefunden zu haben.

Vorher noch ein prüfender Blick in das Gehege und speziell auf die Gehegebegrenzung, denn Nasenbären sind als Ausbruchskünstler bekannt. Aber nachdem die Kleinen Pandas das Gehege nicht verlassen hatten, dürfte es eigentlich auch für die Nasenbären sicher sein. Im November reisten die vier Tiere an, und in den ersten Wochen war alles im grünen Bereich. Die munteren Nasenbären waren schnell ein neuer Besuchermagnet und zeigten ihre Kletterkünste bis in die dünnsten Äste und die Spitzen der Bäume. Dann fehlte plötzlich einer von ihnen. Offensichtlich hatte er einen Weg gefunden, das Gehege zu verlassen. Ein glücklicher Umstand für uns war, dass es mittlerweile Winter geworden war und die Bäume ihr Laub verloren hatten. Ansonsten wäre es sicherlich unmöglich gewesen, den Ausbrecher in dem dichten Baumbestand des Zoogeländes aufzustöbern. So konnte er relativ schnell in einem Baum auf der Nilgau-Anlage entdeckt werden – allerdings unerreichbar für die menschlichen Helfer. Kurzerhand wurde die Feuerwehr benachrichtigt, die mit einer Drehleiter anrückte. Als die Leiter ausgefahren wurde und sich dem Nasenbären näherte, zog dieser den Sprung in die Tiefe vor. Der Baum war natürlich mittlerweile von vielen Pflegern umstellt, die alle einen Kescher bereithielten. Und der Ausbrecher plumpste in einen aufgehaltenen Kescher und konnte wieder zu seinen Artgenossen gebracht werden.

Dann begann die Suche nach der Ausbruchsstelle, die aber nicht sehr zufriedenstellend verlief. Auch wenn die Gruppe wochenlang beobachtet wurde – es kam immer wieder vor, dass ein Nasenbär das Gehege verließ, ohne dass genau festgestellt werden konnte, wo die Schwachstelle lag. Schließlich entschieden wir uns für die Patentlösung, die letztlich eigentlich immer zum Ziel führt: Es wurde um die ganze Anlage ein stromführender Draht gespannt und mit einem Weidezaungerät verbunden. Seitdem bleiben die Nasenbären da, wo sie hingehören. Zusätzlich müssen wir allerdings die Buchenäste, die vom Siebentischwald in die Anlage reichen, immer ein wenig im Auge behalten. Und gegebenenfalls ist dann ein Anruf im Amt für Grünordnung notwendig: Bitte ein Baumschnitt!

Pinguine im Botanischen Garten

Während die allermeisten Ausbruchsfälle eine etwas ungute Komponente haben (zumindest bis man den Ausbrecher wieder in seinem angestammten Gehege hat), gibt es eine besonders schöne Episode, die noch dazu nicht allzu lange her ist.

Es geschah an einem Wochenende, dass ein Besucher an der Kasse meldete, da sei ein Pinguin im Botanischen Garten. Allgemeines Gelächter: Ja, was die Leute nicht so alles erzählen …

Kurze Zeit später kam erneut ein Besucher mit der Information, dass sich im Botanischen Garten ein Pinguin befände. Jetzt machte sich doch ein wenig Unruhe breit, und unsere Pinguine wurden durchgezählt. Tatsächlich, einer fehlte. Also rückte eine Fangmannschaft in den Botanischen Garten aus, um den Ausbrecher einzufangen, was auch glücklicherweise relativ schnell gelang. Man hatte den Eindruck, dass sich der Vogel im Botanischen Garten nicht wirklich wohl fühlte und ziemlich froh war, wieder nach Hause zu können.

Was aber war passiert? Man muss wissen, dass es im Zoo Augsburg einen Bachlauf gibt, der sich durch einen Großteil der Gehege zieht. Beim Wasserwechsel in der Pinguinanlage ist wohl ein Vogel mit in den Kanal in Richtung Botanischer Garten gelangt. Man darf annehmen, dass der Pinguin ziemlich erleichtert war, wieder an die Oberfläche zu kommen, denn es handelt sich sicher um eine Strecke von mehr als 100 Metern, und ein Umkehren war nicht möglich wegen des Wasserdrucks – er hätte entgegen der Strömung schwimmen müssen. Die Pinguinanlage existiert seit vielen Jahren an dieser Stelle und noch nie war etwas passiert, so dass man wirklich im ersten Moment an einen Aprilscherz glauben konnte.

Unternehmungslustige Kängurus und Muntjaks

Als ich im Juni 2002 meinen Dienst im Augsburger Zoo antrat, war es normal, dass die Kängurus im gesamten Gelände unterwegs waren. Grundsätzlich ist ja nichts dagegen einzuwenden, und es ist teilweise auch spannend, wenn abends die Besucher weniger werden und plötzlich ein Känguru aus dem Gebüsch hüpft. So stellt sich ein wenig Australien-Feeling ein. Problematisch wird es aber, wenn eines der Tiere den Zoo verlässt und möglicherweise auf der Straße einen Unfall verursachen könnte. Also war der Zoo gezwungen zu handeln.

Dazu folgende Vorgeschichte: die Kängurus lebten in einer Anlage, die mit einem etwa ein Meter hohen Zaun umgeben war. Kein Problem für ein Känguru, noch dazu wenn außerhalb der Anlage die leckersten Gräser und Büsche wachsen. Also war es Sitte geworden, dass sich die Tiere häufiger außerhalb als innerhalb des Geheges aufhielten. Um dies zu unterbinden, mussten die Muntjaks (kleine asiatische Hirsche) ihr angestammtes Domizil aufgeben. Gleichzeitig wurde dieser Umzug dazu genutzt, bei diesen Hirschen zwei Sozialgruppen zu bilden, jede mit einem Männchen. Ein Trupp bezog die Teichanlagen, und die andere Gruppe lebt mittlerweile auf einem neuen Gehege neben den Takinen. Die Kängurus kamen zusammen mit den Emus in ihr jetziges Areal, und damit waren ihre Ausflüge beendet.

Dafür gab es nicht viel später ein weiteres Problem: Begonnen hatte es mit einem Muntjak, der nicht einsehen wollte, dass er es in einem anderen Zoo viel besser haben würde. Nachdem er mit seinem Vater zunehmend Probleme hatte, wurde er auf die Abgabeliste gesetzt, die in regelmäßigen Abständen zwischen den verschiedenen Zoologischen Gärten in Europa verschickt wird. Vor dem Versand in ein anderes europäisches Land müssen verschiedene Bluttests gemacht werden. All dies war bereits geschehen, die auswärtigen Kollegen waren hier, der Hirsch musste nur noch „verpackt" werden. Diesem Vorgang entzog er sich kurzerhand, indem er beim Einfangen den Zaun durchbrach. Wochenlang war er nicht zu bekommen. Aber schließlich ist er doch erwischt worden und in Richtung neue Heimat abgereist.

Damit ist die Geschichte aber noch nicht zu Ende, denn die übrigen Muntjaks fanden heraus, wie sich die Brücke von der Teichanlage (die eigentlich nur für Tierpfleger gedacht ist) überwinden lässt, und so bewegten sie sich über längere Zeit frei im Zoogelände. Etwas kompliziert wurde es, als wir einen Anruf von der Polizei bekamen, weil sich ein Hirsch im Gebüsch des Spickelbades befinden sollte. Nachdem es aber im Zoo offensichtlich doch schöner war, kam er nach einigen Tagen in Freiheit auch wieder auf eigene Initiative zurück.

Muntjaks auf der Straße machen aber prinzipiell die gleichen Probleme wie Kängurus im Straßenverkehr, und so schön der Anblick war, wenn man auf der Terrasse der Zoogaststätte sitzend hin und wieder einen Muntjakbock ganz entspannt vorbeispazieren sah – das konnte keine Lösung auf Dauer sein. Dazu kam, dass sie sich mittlerweile sehr gut im gesamten Zoo auskannten und wussten, wo es wann gute Sachen zum Fressen gab. So fand man sie kurz nach der Rasenansaat auf der Katta-Anlage (die Fußspuren im frisch angelegten Rasen waren unverkennbar), und nach der Fütterung der Schildkröten mit Salat auch dort …

Aber irgendwann sind sie dann doch erwischt worden, sie hatten sich auf der früheren Bisonanlage in eine Sackgasse begeben. Mittlerweile wurden sie nach Slowenien abgegeben, wo sie sich sicherlich neue Freizeitvergnügen suchen. Zurzeit sind außer den Pfauen keine Tiere auf Freigang unterwegs (soweit wir wissen).

„Wettrüsten" im Zoo

Abgrenzungen in zoologischen Gärten sind in vielen Fällen in der Regel eine symbolische Schranke, die häufig relativ problemlos überwunden werden könnte. In den meisten Fällen wird dies nicht getan, weil sich die Tiere hinter der Abgrenzung in ihrem Revier und damit zugleich sicher fühlen. Außerhalb dieses ihnen bekannten Territoriums fühlen sie sich unsicher, und wenn sie mal „draußen" sind, möchten sie gerne wieder zurück. So wie der Muntjak (wie berichtet) wieder in den Zoo zurückkehrte, sind auch beispielsweise die Barasinghas immer wieder freiwillig in ihr Gehege zurückgesprungen, wenn sie, eher versehentlich, mal über den Graben hinweggefedert waren.

Ähnlich war es auch bei den Mantelpavianen, deren altes Gehege von einem Wassergraben umgeben war. Obwohl ständig Frischwasser in einem Kreislauf hinein- und wieder ausströmte, kam es in einem strengen Winter vor, dass die Ränder des Wassergrabens zugefroren waren, ehe die Pfleger das bemerkten. Da war die 50-köpfige Truppe rasch unterwegs. Sie schauten sogar schon bei den Steinböcken vorbei – bis ein Zoomitarbeiter die Ausreißer bemerkte und Alarm gab. Die Affen wussten genau, was sie falsch gemacht hatten und wohin man zurückkehren musste.

Ein Detail sorgte noch für ganz besondere Komik. Mor-

Was man selbst isst, schmeckt am besten. Alter Paviangrundsatz.

gens macht immer ein Elektromobil mit Anhänger im Zoo die Runde und versorgt die Teichanlagen. Das Fahrzeug ist dann vollbeladen mit Fisch, Körnern, Salat, Küken und anderen Leckereien für die Bewohner der verschiedenen Wasserflächen. Als dieses Fahrzeug nun vor den Pavianen Halt machte und der Tierpfleger ausstieg, um die gegenüberliegenden Pelikane und Kraniche zu versorgen, nutzten die schlauen Affen die Gelegenheit, überquerten den zugefrorenen Graben und stürmten den Wagen mit dem Berg an Leckereien. Als der Tierpfleger zurückkehrte, sprangen die Gesellen schnell wieder in ihre Anlage und ließen ein Chaos aus umgekippten Körnereimern, ausgeleerten Salatkartons und verstreuten Fischen zurück. Wir bedauern heute noch, dass keine Kamera vor Ort war, die den verdutzten (um nicht zu sagen: entgeisterten) Blick des Tierpflegers für die Ewigkeit hätte festhalten können.

So lustig solche Vorkommnisse sind (und dies war wirklich für ein paar Wochen Tagesgespräch im Zoo) – man muss immer achtgeben, dass Tiere auf Freigang relativ schnell wieder in ihrem angestammten Gehege sind. Ihre Unsicherheit vor der Freiheit verliert sich nämlich rasch, wenn sie sich länger draußen aufhalten: Dann beginnen sie bald, sich dort „heimisch" zu fühlen.

Daher war für uns Alarmstufe rot, als die Paviane einmal plötzlich auf dem Dach des Affenhauses saßen. Die Ursache war schnell gefunden: die Kletterstämme lagen zu nah am Haus und ein Mantelpavian hatte herausgefunden, dass es möglich war, von dort auf das Dach zu springen. Wir entfernten die Stämme. Aber dann dauerte es nur ein paar Wochen, bis wieder ein Tier auf dem Dach saß. Diesmal war das durch die Vorsprünge um die Türe möglich geworden, die von der Futterküche auf die Anlage führte. Als auch diese Schwachstelle beseitigt war, gab es immer noch keine Ruhe, und jetzt hatten wir die Granitstelen auf der Anlage in Verdacht. So hätte das „Wettrüsten" wohl noch monatelang weitergehen können. Letztendlich hat der Zoo dann unterhalb der Dachrinne einen stromführenden Draht angebracht, der mit einem Weidezaungerät verbunden ist.

Wenn nichts mehr hilft, kann man eigentlich jedem Tier mithilfe von Strom die Grenzen aufzeigen. Tatsächlich war danach noch einmal ein Affe auf dem Dach, der sich nicht mehr herunter traute, weil er offenbar beim Aufstieg einen Stromschlag bekommen hatte. Dann war Ruhe – bis, ja bis auf einmal plötzlich fünf Paviane auf dem Dach saßen. Da machte sich bei uns Verzweiflung breit: Sollte der Strom keine Wirkung mehr haben? Die Lösung war aber schnell gefunden. Irgendjemand hatte den Stecker des Weidezaungerätes aus der Steckdose gezogen und somit den Strom abgeschaltet. Als die Jungs vom Dach herunter waren und wir das Gerät wieder aktiviert hatten, war wirklich Ruhe.

Auch in ihrer neuen Anlage funktioniert diese Abgrenzung übrigens ganz hervorragend. Der umlaufende Gehegezaun ist mit Stromdrähten versehen und die Paviane bleiben in ihrer Anlage. Im Winter muss allerdings der davor liegende Wassergraben trocken gelegt werden, und um zu verhindern, dass die Affen den Trockengraben als Ausbruchsmöglichkeit nutzen, werden vor Beginn der kalten Jahreszeit kurzerhand davor ein paar Stromlitzen gezogen, und alle Paviane bleiben brav in ihrem Gehege.

 Ich habe einen Plan. Ihr werdet schon sehen.

Eine neue Putzfrau

Die Gruppe der Menschenaffen wird im Augsburger Zoo durch die Schimpansen vertreten. Wenn man die Interaktionen zwischen den Schimpansen und den Besuchern an der Scheibe beobachtet, ist man sich oftmals nicht sicher, wer dabei wen beobachtet oder imitiert. Kein Wunder, sind sie uns doch sehr ähnlich und unterscheiden sich auch im Genmaterial nur in geringem Maße von Menschen. Jeder, der schon mit Schimpansen gearbeitet hat, kann bestätigen, dass sie in vielen Dingen dem Menschen ähneln. Dennoch darf man natürlich nicht vergessen, dass es keine Haustiere und schon von den Körperkräften her den Menschen weit überlegen sind. Die Fernsehserie „Unser Charly", die glücklicherweise mittlerweile (nach mehreren Jahren energischer Proteste von Zoos und Artenschützern) eingestellt wurde, vermittelte ein völlig falsches Bild von diesen Tieren.

Derzeit gibt es in Augsburg ein Schimpansentrio, das aus Coco, Nicoline und Akemo besteht. Auch über diese drei gäbe es einiges zu erzählen, aber hier wollen wir noch ein paar Jahre zurück gehen und von Max und Gretl erzählen, den ersten Schimpansen im Augsburger Zoo. Über sie ist leider nicht mehr viel heraus zu bekommen, allerdings gibt es eine wunderschöne Geschichte über Gretl.

Es war so, dass sie es eines Nachts geschafft hat, aus ihrem

Käfig zu entweichen und in die Futterküche zu gelangen. Nachdem sie anscheinend oft zugesehen hat, wie die Pfleger saubermachen, hat sie dieses Mal die Sache selbst in die Hand genommen. Morgens wurde sie gefunden mit gelben Gummihandschuhen über den Händen. Das Scheuerpulver hatte sie schon großzügig im gesamten Raum verteilt und wollte gerade mit den Säuberungsarbeiten beginnen. Sicherlich ein tolles Bild!

In diesen historischen Zeiten war es so, dass der Kontakt zwischen Pfleger und Schimpansen viel intensiver war als heutzutage, und so ließ sich die Schimpansendame wieder problemlos in den Käfig zurückbringen. Leider ist nicht überliefert, ob sie in Zukunft ihren Käfig selbst gereinigt hat.

 So weit kommt's noch. Käfig selber putzen! Pfff!

Mandrills und Nandus klauen wie die Raben

Wie schon beschrieben, ist die Nähe zum Tier eines der Kennzeichen des Augsburger Zoos. Damit dies für beide Seiten schadlos und ohne Gefährdung von einer der Parteien erfolgt, ist es erforderlich, dass sich die Tiere und auch die Besucher entsprechend rücksichtsvoll verhalten. Leider ist das nicht immer der Fall.

So konnte man Mandrills in deren vorherigem Käfig nur gut und ohne Gitter fotografieren, wenn das Handy ganz nahe an das Gitter gehalten wird (zumindest nach Meinung der Besucher). So nahe, dass es natürlich dadurch in die Reichweite des Fotomotivs geriet. Dann war das Geschrei immer sehr groß, wenn der Affe das Handy mit einem schnellen und gezielten Griff dem völlig überraschten Fotografen aus der Hand riss. Der Forderung des Bestohlenen, das Telefon dem Affen wieder abzunehmen, konnte leider nicht Folge geleistet werden, denn das Betreten der Anlage ist bei Mandrills aus Sicherheitsgründen nicht möglich. Im Übrigen wäre es in den meisten Fällen sowieso schon zu spät gewesen, da für einen Mandrill ein Spielzeug eigentlich nur interessant ist, wenn es kaputt gemacht werden kann, und so hat sich das Thema Handyrettung durch einen kräftigen Biss ins Telefon meist schon erledigt, bevor man eine Chance zum Reagieren bekommt.

Die zweite Tiergruppe, bei der häufig „Diebstähle" vorkommen, sind die Nandus. Diese Vögel haben die Angewohnheit, auf alles zu picken, was ihnen über den Zaun gehalten wird. Wobei die Betonung auf „über den Zaun gehalten" liegt. Es stellt sich nämlich in der Regel schon die Frage, wie ein Nandu an einen Schlüsselbund kommt, wenn er nicht damit geärgert wird, indem damit vor seinem Schnabel herumgefuchtelt wird. Gleiches gilt für eine Mütze oder einen Schal, usw. Sehr oft müssen die Tierpfleger dann nach einem Anruf durch die Kasse über den Zaun steigen und das entsprechende Kleidungsstück aus dem Gehege klauben. Bei Mütze und Schal ist es zwar ärgerlich, aber letztendlich nicht schädlich für die Nandus. Anders sieht es mit kleineren Gegenständen aus. Bei Obduktionen wurden unglaubliche Dinge wieder an das Tageslicht gebracht: von Geldstücken über Schlüssel bis hin zu Batterien. Es kann dabei auch nicht ausgeschlossen werden, dass ein solches Sammelsurium letztendlich zum Tod des Tieres geführt hat.

Manche Kollegen haben zur Abschreckung regelrechte Vitrinen beispielsweise neben dem Robbengehege stehen, mit einer Auswahl von Gegenständen, die bei den wasserlebenden Säugetieren aus dem Magen geborgen wurden. Natürlich beim dann toten Tier. Solche Fremdkörper kön-

nen ausgesprochen schwerwiegende gesundheitliche Folgen haben.

Tatsache ist, dass solche „Diebstähle" nur vorkommen können, wenn der Sicherheitsabstand zwischen Tier und Besucher nicht eingehalten wird.

Der Wettlauf zwischen Schnee-Eule und Tierpfleger

Es ist noch nicht allzu lange her, aber jedem Zoobewohner (sowohl den menschlichen als auch den tierischen) sicher noch gut in Erinnerung: Anfang März 2006, als alle schon vom Frühjahr träumten, gab es in einer Nacht einen Wintereinbruch mit massivem Schneefall. Mindestens 60 cm Schnee fielen innerhalb weniger Stunden. Am nächsten Morgen gab es blauen Himmel und eine traumhafte Winterlandschaft. Leider konnten unsere Besucher sie nicht im Zoo genießen, denn aus Sicherheitsgründen (wegen der Gefahr des Schneebruchs) wurde der Zoo geschlossen, und blieb es auch für die nächsten Tage.

Bis Meldungen über Schäden eingingen, dauerte es ein wenig, denn man musste sich erst mühsam zu den einzelnen Gehegen einen Weg freischaufeln. Bei Witterungseinbrüchen wie starkem Schneefall sind geschlossene Volieren immer das Hauptproblem, denn das Gewicht des Schnees, das auf den einzelnen Stützpfosten lastet, ist unvorstellbar hoch.

Das Ergebnis der Schadensaufnahme war dann glücklicherweise, dass der Zoo noch relativ glimpflich davon gekommen war. Es waren keine größeren Schäden im Baumbestand zu vermelden, allerdings war die Voliere der Schnee-Eulen zusammengebrochen, und zwei Vögel wurden als vermisst gemeldet. Eines der beiden Tiere wurde bald von Spaziergängern im Siebentischwald entdeckt und wieder eingefangen. Auch das zweite Exemplar wurde nach kurzer Zeit gesichtet, allerdings gestaltete sich in diesem Fall das Einfangen wesentlich schwieriger. Die muntere Schnee-Eule hockte nämlich auf unserer Futterwiese, in unmittelbarer Nähe des Zoos. Gut für uns war, dass in der Umgebung kein Baum stand, auf den sie hätte fliegen können. Die schlechte Nachricht: Zwischen der Eule und dem Tierpfleger mit dem Kescher lag eine unberührte, 60 cm hohe Schneedecke. Es folgte also ein Wettrennen zwischen dem menschlichen Fänger und der tierischen Ausbrecherin, wobei zu hoffen war, dass es positiv für den Fänger ausgehen würde, bevor die Eule den Wald erreichen könnte.

Sportlich muss man als Tierpfleger allemal sein, und so gewann der Mensch. Die Eule war ebenfalls durch den tiefen Schnee gehandicapt, denn sie konnte nicht wegfliegen. Da der Untergrund zu weich war, war es ihr nicht möglich zu starten, da sie sich nicht vom Boden abdrücken konnte. Letztlich ein Glück nicht nur für uns, sondern auch für die Schnee-Eule, denn bei dem Wetter hätte sie in der freien Natur sicherlich keine Nahrung gefunden.

Zebras haben eigene Regeln

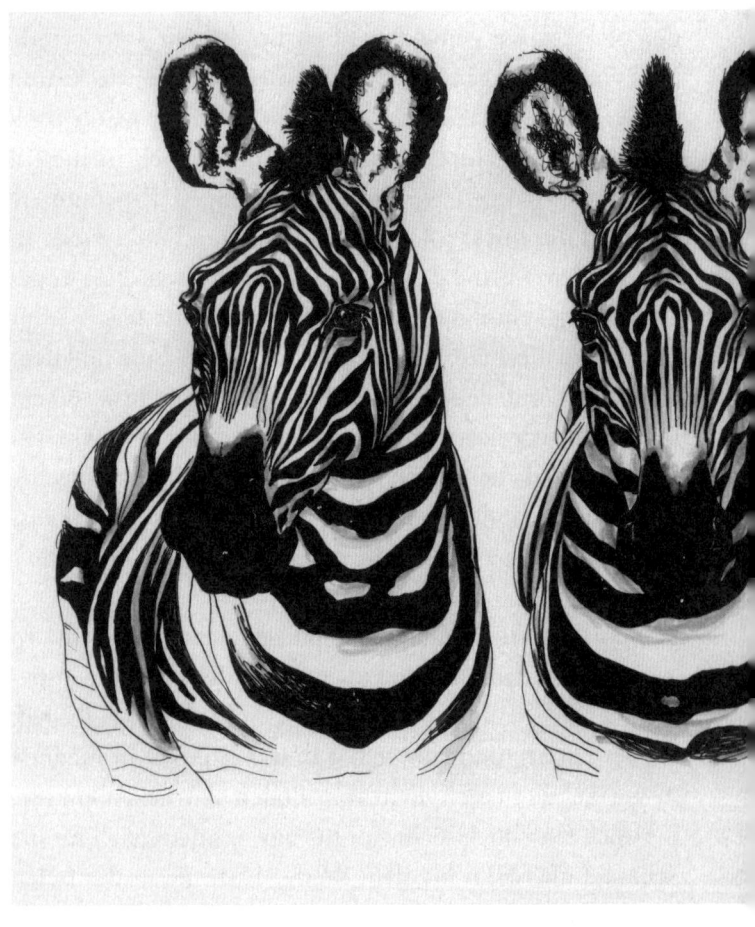

Man sollte meinen, dass ein Zebra eigentlich immer er-
kennbar ist – charakteristische Zebrastreifen machen es

doch wohl unverwechselbar. Was passiert aber, wenn es
keine Streifen hat?

Ehrlich gesagt: Die Frage ist so nicht richtig gestellt. In früheren Zeiten, als das sogenannte Afrika-Panorama noch nicht gebaut war, wurden die Zebras im Augsburger Zoo neben der Elefantenanlage gehalten (der späteren Bisonanlage). Im Gehege bei den Zebras befand sich ein weißes Pferd, also ein Schimmel. Warum dies so war, ist leider nicht mehr nachzuvollziehen, überliefert sind allerdings das Rätselraten und die Kommentare der Besucher. Vom Albino-Zebra bis zum Zebra, das seine Streifen verloren hat, gingen die Erklärungsversuche des Publikums.

Mittlerweile befinden sich Grevy-Zebras (viele sagen, dies sei die schönste Unterart bei den Zebras) auf dem Afrika-Panorama: einer drei Hektar großen Anlage, die eigentlich aus drei Gehegen besteht. Die Abgrenzung dieser drei Gehege sind Trocken- oder Wassergräben. Die Grenze zwischen der Zebra-Anlage und den benachbarten Gehegen der Giraffen bzw. der Nashörner ist größtenteils nur ein sehr flacher Trockengraben. Dieser wird zum Beispiel von den über 40 Kamerunschafen, die sich ebenfalls auf dem Gelände befinden, nicht als Grenze zur Kenntnis genommen. Sie bewegen sich völlig ungezwungen auf allen Anlagen. Die Zebras allerdings bleiben immer nur in ihrem Bereich. Dies ist ihr Gebiet, ihr Revier, und das akzeptieren sie.

Anders kann es werden, wenn ein neues Tier in die Herde kommt, das noch nicht weiß, dass die Reviergrenze dieser flache Graben ist, der für ein Zebra eigentlich nur symbolisch ist, aber dennoch unter gar keinen Umständen überschritten werden darf. So kam es zu dem Zwischenfall, als *Kibale* (eine neue Zebrastute aus dem Zoo Leipzig) im Mai 2011 nach Augsburg kam. Nach einigen Tagen zur Eingewöhnung im Stall durfte sie eines Abends zum ersten Mal alleine auf die Außenanlage. Sie wusste natürlich nichts von dem ungeschriebenen Gesetz, dass die Grenze des Zebrageheges durch die flachen Trockengräben festgelegt ist, stürmte erst einmal quer über die Giraffenanlage auf die Nashornanlage und besuchte die Blessböcke in deren Stall. Glücklicherweise fanden diese den Neuzugang nicht weiter bedrohlich, und sie fühlte sich in deren Gesellschaft offensichtlich auch wohl. Daher ließ sie sich nicht dazu überreden, wieder auf ihre eigentliche Anlage zurück zu kommen. Nachdem es mittlerweile dunkel wurde, ließ man alles so wie es war. Am nächsten Morgen war Kibale immer noch brav auf der falschen Seite. Als dann die anderen Zebras auf die Anlage gelassen wurden, sprang sie sofort wieder über die Gräben auf die eigentliche Anlage und mischte sich unter ihre Artgenossen.

Besonders bemerkenswert ist in dem Zusammenhang,

dass Kibale seither nie mehr versucht hat, über den Graben auf die anderen Anlagen zu gelangen, obwohl sie ja gezeigt hatte, dass es für sie kein Problem wäre. Da Zebras Herdentiere sind, würde keines auf die Idee kommen, sich alleine auf eine der anderen Anlagen zu bewegen.

Elefant Sabi und der Alt-OB

Sabi ist eine ganz besondere Tierpersönlichkeit im Augsburger Zoo. Als sehr junges Tier kam sie im Jahr 1987 an den Lech und hat eine besonders enge Verbindung mit dem Revierleiter der Elefanten, Herrn Linder. Daher wurde sie jahrelang als Reitelefant für spezielle Tierkontakte genutzt, und es gibt noch Bilder davon, wie sie den Kopf durch das Verkaufsfenster beim Kiosk am Spielplatz steckt. Ich selbst bin einmal furchtbar erschrocken, als ich bei einer unserer ersten Dschungelnächte der Elefantendame (diese Tiere können sich absolut lautlos fortbewegen) mitten im Zoo über den Weg lief.

Der Alt-Oberbürgermeister Wolfgang Pepper hatte schon immer eine ganz besondere Beziehung zum Zoo und war zudem mit Prof. Georg Steinbacher, dem damaligen Zoodirektor, eng befreundet. Er hat beispielsweise jedes Jahr an Weihnachten seine Runde durch den Zoo gemacht und alle Zootiere mit besonderen Leckereien beschenkt.

Wegen der engen Beziehung zwischen Pfleger und Sabi war es auch immer möglich, etwas ganz Besonderes mit ihr einzuüben. Daher bot es sich an, Alt-Oberbürgermeister Pepper mit einer ungewöhnlichen Überraschung zu seinem 80. Geburtstag zu gratulieren. Günstig war außerdem, dass Herr Pepper im Ortsteil Spickel wohnte, also quasi um die Ecke vom Zoo. So kam Zoodirektor Michael Gorgas auf die Idee, Sabi sollte mit Herrn Linder den kurzen Weg zum Haus von Herrn Pepper laufen und gratulieren. Wochenlanges Üben war dafür notwendig, denn auf dem Weg dorthin musste die Spickelwiese überquert werden, die damals wie heute von Hunden und Spaziergängern bevölkert war. Natürlich hätte man auch den weiteren Weg über die Straße nehmen können, aber die Gefahr durch den Verkehr wäre zu groß gewesen. Allerdings war auch der Weg über die Spickelwiese nicht völlig problemlos, denn viele Hunde waren nicht angeleint, und das kann leicht zu einer Katastrophe führen, wenn man mit einem frei laufenden Elefanten vorbeikommt – wobei man fairerweise einräumen muss, dass spazierengehende Hundebesitzer nicht davon ausgehen müssen, dass ihnen ein Elefant begegnen könnte. So war also immer ein größeres Aufgebot nötig: eine Vorhut, die die Hunde und ihre Besitzer rechtzeitig warnte, und dahinter die Kolonne mit Sabi und mehreren Begleitpersonen.

Mehr oder weniger ohne Zwischenfälle gingen die wochenlangen Übungen vorbei, bis der große Tag kam und Sabi im Wohnviertel bis zum Haus von Herrn Pepper geführt wurde. Auf dem Weg dorthin kehrte ein Anwohner ganz konzentriert seinen Bürgersteig und schaute nur beiläufig auf, als der Elefant vorbeizog. Es bleibt offen, was er sich gedacht hat. Herr Pepper öffnete und Sabi knickste brav und ordentlich vor dem Jubilar. Auf die Überreichung eines Blumenstraußes durch sie war verzichtet worden, da nicht auszuschließen war, dass er vor der Übergabe aufgegessen worden wäre. Die Überraschung ist auch so gelungen, und Herrn Pepper hat es sehr gefreut.

Die ungeliebte Transportkiste

Zwischen den Zoos werden regelmäßig Tiere ausgetauscht. So müssen Jungtiere abgegeben werden, um Inzucht zu vermeiden, oder es kommen welche hinzu, damit neue Gruppen gebildet oder neue Anlagen besetzt werden können. Zum Austausch von Tieren gehört auch der Transport. Innerhalb der Zoos erfolgt der Austausch in der Regel über ganz Europa – da mit der EU die Grenzen verschwunden sind, ist dies auch bürokratisch gesehen einfacher geworden. Dennoch sind natürlich von Art zu Art und von Land zu Land einige Hürden zu überwinden und viel Papierkram zu erledigen. Artenschutzrechtliche und veterinärrechtliche Bestimmungen müssen beachtet und die entsprechenden Genehmigungen eingeholt werden.

Ein ganz schwieriger Fall war der Transport der beiden afrikanischen Elefantendamen in den Zoo Rhenen (NL). Einmal was die Papiere betraf, denn beide waren nicht zoogeboren, sondern stammten noch aus dem Freiland. Dafür müssen ganz andere Anforderungen erfüllt und Genehmigungen eingeholt werden. Und dann natürlich das Laden der Elefanten selber. Verschiedene Schwierigkeiten kamen in diesem Fall zusammen: 1. Es war spät im Jahr, und wegen der Außentemperaturen musste es ziemlich rasch gehen. 2. Zwei Elefanten sind schwieriger als einer; Sabi und Tembo mussten gleichzeitig transportiert werden, und das schafft man eigentlich nur mit zwei LKWs und zwei Kisten. 3. Die Elefanten müssen selbstständig in die Kiste gehen. Ein komplett narkotisierter Elefant ist viel zu schwer, um in eine Kiste gehoben zu werden, und liegend kommt es bei dem Gewicht sehr schnell zu gesundheitlichen Problemen (beispielsweise Kreislauf).

Grundsätzlich bevorzugen Zoos immer den Transport auf der Straße vor dem im Flugzeug. Bei einem Straßentransport hat man jederzeit Zugriff auf das Tier, kann nachsehen, ob Probleme auftreten, und Wasser oder Futter anbieten. Bei einem Flugtransport wird das Tier mindestens drei Stunden vor Abflug angeliefert. Dann steht der Käfig in der Halle, umgeben von Gabelstaplern, Menschen und Lärm – sehr beunruhigend und stressig. Auch während des Fluges selbst gibt es im Frachtraum üblicherweise keinen Zutritt, so dass keine Kontrolle möglich ist. Bei der Ankunft müssen die Einreiseformalitäten erfüllt werden, inklusive Kontrolle durch den Tierarzt, bis dann endlich der Transport zum Empfänger angetreten werden kann. Natürlich gibt es bei manchen Zielen keine andere Möglichkeit. Als wir Wüstenfüchse nach Sydney (Australien) oder Miami Beach (USA) abgaben, mussten die Fenneks logischerweise fliegen. Ein besonderer Transport waren die beiden Nashörner Chris und Kibibi aus Südafrika. Dieser erfolgte in einer Frachtmaschine, und die Zoo-Tierärztin begleitete die beiden vom Start in Johannesburg bis zur Landung in Frankfurt, bzw. der Ankunft in Augsburg.

Jede Tierart verhält sich unterschiedlich, was das Verbringen in die Transportkiste betrifft, aber grundsätzlich geht keiner freiwillig. Am einfachsten sind natürlich Vögel, oder auch kleine Säugetiere, die mit einem Kescher gefangen und in die Kiste gesteckt werden. Nur im äußersten Notfall wird vor dem Transport oder zum Verladen eine Narkose durchgeführt, und so können dann Raubkatzen oder auch Giraffen einen schon vor Probleme stellen.

Menschenaffen allerdings müssen narkotisiert werden, und da kann ein Transport richtig kompliziert werden. So war es in Augsburg bei der Ankunft der Schimpansendame Nicki. Sie kam im November 1993 aus dem Zoo Osnabrück, und bei der Ankunft in Augsburg stellte sich heraus, dass die Transportkiste zu groß war, um sie im Menschenaffenhaus am Schieber zum Käfig sicher zu positionieren. Also mußte Nicki in eine andere Kiste umgeladen werden. Aus Sicherheitsgründen sollte das im Wirtschaftsgebäude im Vorraum passieren. Die beiden Kisten wurden aneinander gestellt und der Schieber gezogen. Leider war aber vergessen worden, den Schieber an der kleineren Kiste zu sichern, und Nicki lief zwar brav von der größeren in die kleinere Box, schob aber dann den Schieber am anderen Ende der Kiste hoch und befand sich plötzlich frei im Raum. Großes Erschrecken auf beiden Seiten, denn ein Schimpanse kann durchaus eine lebensgefährliche Bedrohung für einen Menschen werden. Glücklicherweise verschwand Nicki dann im Umkleideraum für die weiblichen Mitarbeiter – Tür zu, abgesperrt, und sie saß in einer Sackgasse. Jetzt mußte man sie nur da wieder heraus bekommen, und das konnte nur mit einer Narkose funktionieren. Also wurde der Narkosepfeil fertig gemacht und die Tür vorsichtig einen Spalt geöffnet.

Da saß Nicki dann hinter dem Vorhang am Ende des Raumes und linste wie eine Schauspielerin vor ihrem Auftritt durch den Schlitz. Als sie merkte, dass sie beobachtet wurde, wurde der Vorhang sofort wieder fallen gelassen, aber nach wenigen Minuten war die Neugier doch stärker und man sah wieder ein Auge durch den Spalt lugen. Einen Schimpansen zu narkotisieren, ohne zu sehen, wohin man schießt, war natürlich nicht so ganz einfach. Daher war es tatsächlich reines Glück, dass der erste Pfeil beim Schuss durch den Vorhang sofort traf und Nicki brav einschlief. Der Transport in ihr Gehege war dann vergleichsweise einfach, mit einer friedlich schlafenden Schimpansin.

Von Märchen verabschieden

„Nashorn im Graben"

Absperrungen in Zoologischen Gärten sind ein Kapitel für sich, oder sagen wir ruhig: ein Dauerthema. Es gibt keine festen Maße, nur Erfahrungswerte, die sich von Haltung zu Haltung deutlich unterscheiden können. Bei manchen Tieren kann die Absperrung mehr oder weniger symbolisch sein. Das bedeutet, dass sie unter normalen Umständen respektiert wird, aber in besonderen Situationen auch ein Entkommen möglich ist (sonst gäbe es nicht so viele Geschichten in diesem Buch). Ein längeres Kapitel ließe sich über Gräben schreiben.

Während lange Zeit Gräben, speziell Trockengräben, in Zoologischen Gärten als perfekte Absperrung für größere Huftiere angesehen wurden (Elefanten, Nashörner, etc.), kommen diese immer mehr aus der Mode (ja, auch die Tierhaltung in Zoos ist Modeerscheinungen unterworfen, und es gibt immer mal wieder Neuerungen, die eindeutige Verbesserungen für Tierhaltung, Besucher oder beide bringen). Der Vorteil von Trockengräben liegt auf der Hand: Besucher können die Zootiere ohne sichtbehindernde Barrieren beobachten, und dennoch bleibt der Sicherheitsabstand gewahrt. Der Nachteil liegt in der Verletzungsgefahr beim Fall in einen Graben. Dies kann versehentlich pas-

sieren oder auch bei Auseinandersetzungen zwischen den Tieren auf der Anlage.

Auch im Augsburger Zoo wurde und wird viel mit Gräben gearbeitet. Bei den Elefanten ist der steile Graben mittlerweile in einen begehbaren umgebaut worden, und auf der früheren Nashornanlage, auf der jetzt Paviane gehalten werden, ist aus dem Trockengraben ein Wassergraben geworden.

Es geht jetzt aber um die Zeit, als die Nashörner noch auf der Anlage waren und ein Trockengraben diese von den Besuchern trennte. Es geschah gelegentlich, allerdings ganz selten, dass ein Nashorn in den Graben stürzte. Das war nie schön, weil es wie gesagt immer mit einer gewissen Verletzungsgefahr für das schwere Tier verbunden war. Falls es vorkam, wurde aber niemals die Feuerwehr gerufen und ein Gurt um den Nashornbauch geschlungen, um das Tier wieder nach oben zu heben. Diese Geschichte kursiert seit Jahren im Zoo. Der Gegenbeweis ist allerdings leicht zu erbringen: Wie sollte man den Gurt um den Nashornbauch schlingen können? Außerdem kann man sich gut vorstellen, dass sich das Nashorn nicht ganz ruhig durch die Luft transportieren und auf der Anlage abstellen ließe. Ganz davon abgesehen, dass der Gurt ja wieder entfernt werden müsste. Tatsache ist vielmehr, dass in solchen Fällen die Eisenbahnschwellen, mit denen der Graben an den Schmalseiten abgetrennt war, entfernt wurden, so dass das Tier den Graben selbstständig wieder verlassen konnte. Glücklicherweise hat sich nie ein Tier bei einem solchen Sturz verletzt.

Auf ähnlichem Weg bekommt man übrigens auch eine Giraffe, einen Onager oder andere Tiere im Fall des Falles wieder zurück auf ihre Anlage. Allerdings ist dies immer mit unglaublichem Stress verbunden – sowohl für das Tier als auch für die beteiligten Personen.

„Weihnachtsbäume an Elefanten verfüttern"

Jedes Jahr nach Weihnachten (so um den 6. Januar herum) rufen im Zoo wohlmeinende Menschen an, die ihren Weihnachtsbaum, der zwei Wochen lang seinen Dienst im Wohnzimmer verrichtet hat, für die Elefanten abgeben möchten. Leider kann der Zoo einen solchen Baum nicht annehmen. Zum einen ist ein ehemaliger Christbaum, der zwei Wochen im wohlgeheizten Wohnzimmer stand, so trocken, dass er von keinem Tier mehr gefressen würde. Zudem besteht die Gefahr, dass in den Ästen noch Wachs-

reste, Lametta oder Haken hängen, die in jedem Fall der Gesundheit abträglich wären. Nadelbäume enthalten außerdem Tannine, das sind Öle, die nicht alle Tiere vertragen. Augsburg verfüttert grundsätzlich keine Nadelbäume an Elefanten.

Jetzt fragt sich der eine oder die andere wahrscheinlich, warum denn nach Weihnachten trotzdem Tannenbäume in verschiedenen Tiergehegen gesichtet werden. Es ist tatsächlich so, dass der Zoo nicht verkaufte Bäume von den Händlern abnimmt, die dann zu den Onagern oder Schraubenziegen oder Turen wandern (niemals zu den Elefanten). Die genannten Arten fressen die Rinde und auch manchmal in geringem Maße die Nadeln. Oder aber diese Bäume werden zum Dekorieren von Volieren oder als Mittel zur Beschäftigung der Tiere verwendet. Dabei handelt es sich aber stets um frische Bäume und keine, die schon als Christbaum verwendet wurden.

„Eisbär im Zoo"

Als die erste Welle der Aufregung über Knut, den Eisbären des Berliner Zoos, in den Medien hochkochte, wurde auch bei uns immer wieder gefragt, ob wir Eisbären haben. Das konnte ich immer mit einem entschiedenen „Nein" beantworten. Manchmal hörte man dann hinterher: „Aber ihr hattet doch einmal welche." Nach der dritten derartigen Aussage wird man doch ein wenig unsicher, und so habe ich nachgefragt. Tatsache ist, dass der Zoo Augsburg in historischer Zeit einmal einen Syrischen Braunbären hatte, der sehr hellbraun gefärbt war. In der Erinnerung wurde dieser wahrscheinlich zum Eisbären. Fakt ist aber, dass Augsburg noch nie einen Eisbären gehalten hat.

Übrigens: Während dieses Buch geschrieben wird, hat Augsburg wieder einen Syrischen Braunbären. Nina kam im Frühjahr 2011 aus Polen nach Augsburg, weil in ihrem Heimatzoo das Gehege erneuert werden musste. Auch Nina ist wesentlich heller als Ulma und Raetia, die beiden europäischen Braunbären des Zoos.

Tierpersönlichkeiten

Arthos, der Löwe

NAME	Arthos
GESCHLECHT	männlich
ART	Afrikanischer Löwe (*Panthera leo*)
GEBOREN	20. März 2000 im Tierpark Hellabrunn (München)
LEBENSERWARTUNG	über 20 Jahre
GEHEGE	Löwenanlage direkt am Zooeingang
NATÜRLICHER LEBENSRAUM	Busch- und Grasland südlich der Sahara
LIEBLINGSSPEISE	Rindfleisch
GEWICHT	ca. 240 kg
CHARAKTEREIGENSCHAFTEN	souverän und ausgeglichen gegenüber den Weibchen, ein wahrer Pascha

Seit April 2006 lebt Arthos im Augsburger Zoo, und bereits der Transport von München war (trotz der relativen Nähe) ziemlich aufregend. Er war schon mit sechs Jahren eine imposante Erscheinung, und so war die Kiste, die wir aus Augsburg mitgebracht hatten, zu klein. Wir mussten also eine Transportkiste aus dem Tierpark Hellabrunn ausleihen. Auch die Rückfahrt nach Augsburg war etwas nervenaufreibend, denn Arthos bewegte sich immer wieder heftig in seinem Transportbehälter, was dazu führte, dass

der Transporter ins Schlingern geriet und die Fahrer immer kurz davor waren, das Fahrzeug fluchtartig zu verlassen. Aber es ging alles gut, und die kraftvolle Fracht erreichte den Augsburger Zoo ohne Zwischenfälle.

Als es schließlich ans Ausladen ging, hatte Arthos es zunächst gar nicht eilig, seine eben noch als unbequem empfundene Kiste zu verlassen. Er schlief nach dem Öffnen des Schiebers erst einmal in der Kiste ein und konnte nur mit etwas Nachhelfen zum Verlassen bewegt werden. Er hat sich dann sehr schnell in seinem Gehege eingelebt,

und seine zwei damaligen Weibchen haben ihn sofort als neuen Chef und Pascha akzeptiert.

Einen für ihn unangenehmen Zwischenfall gab es Weihnachten 2007. Da wurde Arthos mit einer klaffenden Wunde am Schwanzende vorgefunden. Der Tierarzt musste kommen und ihm das verletzte Stück Schwanz amputieren. Es konnte nie festgestellt werden, wo er sich die Verletzung zugezogen hatte. Die Konsequenz der Operation war aber, dass er nun leider keine Schwanzquaste mehr hat. Ein kleiner Schönheitsfehler, der aber leicht zu übersehen ist.

Löwen sind die zweitgrößte Art von Katzen und die einzige, die sozial (also in Rudeln) lebt. Früher hatten sie ein großes Verbreitungsgebiet über ganz Afrika, Asien und sogar Europa. Die in Asien lebende Unterart – der Indische Löwe – existiert heute nur noch in einer Stückzahl von wenigen hundert Tieren in einem Nationalpark im Westen von Indien. Die in Europa lebenden Löwen starben vermutlich im 1. Jahrhundert unserer Zeitrechnung aus, die Population nördlich der Sahara in den 1940er Jahren. Derzeit leben noch zwischen 15 000 und 30 000 Löwen verschiedener Unterarten in Afrika, wobei auch hier der Bestand weiter zurückgeht.

Arthos hat vor einigen Jahren zwei damals fünfjährige Damen aus einem Zoo in Holland zur Gesellschaft bekommen. Die beiden Schwestern haben sich schnell eingelebt und harmonieren sehr gut mit ihrem Pascha. Sie hatten kurz vor der Abreise aus Holland ein empfängnisverhütendes Implantat bekommen, das mittlerweile seine Wirksamkeit verloren hat. Vielleicht wird es also in der nächsten Zukunft noch etwas mit Nachwuchs bei den Löwen.

Bølle, die Südafrikanische Zwergseebärin

NAME	Bølle
GESCHLECHT	weiblich
ART	Südafrikanischer Zwergseebär (*Arctocephalus pusillus pusillus*)
GEBOREN	20.05.2002 in Jyllands (Dänemark)
LEBENSERWARTUNG	über 20 Jahre
GEHEGE	Anlage gegenüber der Tropenhalle
NATÜRLICHER LEBENSRAUM	an den Küsten Südafrikas und Namibias
LIEBLINGSSPEISE	Hering, Makrelen
GEWICHT	ca. 150 kg
CHARAKTEREIGENSCHAFTEN	zurückhaltend, gelehrig

Bølle ist ein Geschenk aus dem Zoo Jyllands in Dänemark. Sie kam im Mai 2008 zu uns, im Austausch ging dafür ein weiblicher Seebär von Augsburg nach Jyllands. Nach einer behutsamen Eingewöhnung, die durch den Umbau der neuen Anlage wesentlich erleichtert worden war, hat sie sich gut in der Gruppe eingelebt. Sie ist sehr gelehrig und hat schon viele kleine Kunststückchen gelernt. Ihre beste Freundin in der Gruppe ist die gleichaltrige Benga. Im Gegensatz zur ruhigen und ein wenig sensiblen Bølle ist Benga allerdings viel ruppiger, quasi ein richtiger Rowdy. Wenn es ums Essen geht, überlässt Bølle ihr gerne den Fisch, um einem Streit aus dem Weg zu gehen.

Der Name Zwergseebär ist ein wenig irreführend, handelt es sich doch um die größte Art der Seebären. Wie der Name zustande kam, ist nicht genau bekannt. Man geht davon aus, dass es sich bei der wissenschaftlichen Beschreibung der Art im Jahr 1775 um ein Jungtier handelte, das natürlich noch nicht die Größe eines Erwachsenen hatte. Daher der Artname „pusillus" – „der Kleinste". Aber mit einer Größe von über zwei Metern und einem Gewicht der Männchen von 300 kg bieten erwachsene Tiere ein imposantes Bild. Die Südafrikanischen Zwergseebären waren im 19. Jahrhundert durch Bejagung fast ausgerottet. Die Art hat sich aber mittlerweile wieder gut erholt und man findet heute an den Küsten Namibias Kolonien mit über 100 000 Tieren.

Mit mittlerweile zehn Jahren ist Bølle geschlechtsreif, allerdings noch immer sehr verspielt. Trotzdem hoffen wir alle, dass der Bulle Nico an ihr Interesse findet und vielleicht schon bald ein kleiner Zwergseebär, der dann für eine Weile seinem Namen gerecht wird, die Gruppe verstärkt.

Kalle, der Plumplori

NAME	Kalle
GESCHLECHT	weiblich
ART	Plumplori (*Nycticebus bengalensis*)
GEBOREN	Januar 2003 – in Asien
LEBENSERWARTUNG	über 20 Jahre
GEHEGE	Plumplorigehege im Elefantenhaus
NATÜRLICHER LEBENSRAUM	tropischer Regenwald
LIEBLINGSSPEISE	Heuschrecken, Avocado
GEWICHT	1200 g
CHARAKTEREIGENSCHAFTEN	anhänglich, aber auch leicht beleidigt

Sie hatte es nicht einfach in ihrem Leben. Im Alter von wenigen Wochen wurde sie von ihrer Mutter getrennt und zusammen mit einem anderen Plumplori aus Asien mit dem Flugzeug nach München gebracht, offenbar geschmuggelt. Dort wurde sie in einem Beutel auf der Flughafentoilette gefunden, und die beiden wurden nach vielen Wirrungen im April 2003 in Augsburg im Zoo abgegeben. Da sie noch so klein war, verbrachte sie die ersten Monate in der Wohnung der Zoodirektorin und bekam den Namen *Kalle* (von „Kalle Wirsch" der Puppenkiste), weil sie zunächst als männliches Tier bestimmt wurde. Erst nach einem Jahr wurde erkannt, dass es sich in Wirklichkeit um ein Weibchen handelt, und da hatte sie längst ihren Namen.

Leider ist eine Geschichte, wie sie Kalle passiert ist, bei Plumploris nicht so selten, denn diese Halbaffen werden in Asien immer wieder als Haustiere auf den Märkten verkauft, weil sie so niedlich sind. Sie zu fangen ist auch nicht weiter schwierig, denn sie bewegen sich wie in Zeitlupe. Aus diesem Grund und wegen der zunehmenden Abholzung der Regenwälder in weiten Bereichen Asiens sind Plumploris mittlerweile hochgradig vom Aussterben bedroht und vor kurzem in die höchste Schutzkategorie des Washingtoner Artenschutzabkommens – Anhang I – aufgenommen worden. Üblicherweise leben sie in den Regenwäldern Asiens alleine, nur zur Paarung kommen Männchen und Weibchen zusammen. Paarungsbereite Weibchen signalisieren durch ein hohes Pfeifen, das kilometerweit zu hören ist, dass sie ein Männchen suchen, und diesen Pfeifton stößt auch Kalle etwa einmal im Monat aus.

Kalle und ihr Gefährte Mika (der sich wirklich als Mann herausgestellt hatte) sind nach einiger Zeit in ein Gehege im Elefantenhaus gezogen. Plumploris sind nachtaktiv, und damit unsere Besucher trotzdem etwas von ihnen zu sehen bekommen, wurde die Beleuchtung im Käfig umgestellt, d. h. am Tag ist für sie Nacht und in der Nacht geht die Beleuchtung an, so dass sie sich zum Schlafen in ihre Höhle zurückziehen. Wobei sie sich auch in ihrer Aktivitätszeit nicht allzu schnell bewegen. Nur wenn ihnen die Lieblingsspeise aller Plumploris, Heuschrecken, angeboten wird, können sie sehr schnell werden. Springen tun sie allerdings niemals. Insofern ist der merkwürdige Name „Plumplori" wohl nicht ganz unberechtigt.

Vor vier Jahren ist Mika leider an einer Atemwegsinfektion verstorben, und es begann die Suche nach einem neuen Partner für Kalle. Da Plumploris relativ selten in Zoos gehalten werden und auch noch in mehreren Unterarten vorkommen, die unterschiedlich aussehen (und sich auch in ihrem natürlichen Vorkommen unterscheiden), gestaltete sich die Partnersuche gar nicht einfach. Fotos wurden hin- und hergeschickt, und es war bald klar, dass es in Europa keinen passenden Partner geben würde. Mit Teddy aus Singapur wurde Kalle nicht so richtig glücklich, und seit einem Jahr gibt es jetzt Clay, der aus Hongkong nach Augsburg reiste. Clay ist ein richtiger Plumplori (der Namensgeber war Cassius Clay), und so hatten die beiden zu Beginn ziemlich Ärger miteinander. Mittlerweile sind sie aber ein Herz und eine Seele, so dass man durchaus auch auf Nachwuchs hoffen darf.

Cita, der Mandrill

NAME	Cita
GESCHLECHT	männlich
ART	Mandrill (*Mandrillus sphinx*)
GEBOREN	19.05.1988 im Zoo Augsburg
LEBENSERWARTUNG	über 40 Jahre
GEHEGE	jetzt alte Paviananlage
NATÜRLICHER LEBENSRAUM	Regenwald in Zentralafrika
LIEBLINGSSPEISE	Erdnüsse, Bananen
GEWICHT	30 kg
CHARAKTEREIGENSCHAFTEN	selbstbewusster und resoluter Chef

Hier stellen wir eine ganz besondere Tierpersönlichkeit vor, eine imposante Erscheinung: Cita, der Boss der 16-köpfigen Mandrilltruppe, ist der personifizierte Macho. Schon allein dank seiner Größe ist er der uneingeschränkte und respektierte Chef, und das zeigt er auch deutlich in seinem ganzen Verhalten gegenüber den Gruppenmitgliedern. So hat er das uneingeschränkte Vorrecht, als Erster an das Futter zu gehen, wobei er sich natürlich die besten Sachen herauspickt. Im Herbst 2009 ist er mit seiner Truppe in ein neues Gehege umgezogen. Als es um das Betreten dieses Neulands ging, zeigte er sich allerdings zunächst ungewöhnlich zurückhaltend. Es dauerte einige Zeit, bis

er seinen Fuß auf den Laufgang setzte, der in sein neues Domizil führte. Mandrills gehören zu den farbenprächtigsten Säugetieren, die es gibt. Über den „Sinn" der bunten Farben im Gesicht und am Hinterteil (besonders bei

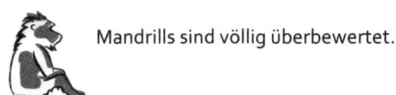 Mandrills sind völlig überbewertet.

den Männern) ist sich die Forschung immer noch nicht ganz sicher. So wird vermutet, dass sie der Abschreckung möglicher Konkurrenten dienen, da bei Erregung die Farben noch leuchtender werden.

Mandrills leben in Haremsgruppen mit einem erwachsenen Männchen. Einzelne Gruppen können sich gelegentlich zu riesigen Trupps mit bis zu hundert Tieren zusammen finden, die sich aber nach einiger Zeit wieder trennen. Im Freiland ist der Mandrill heute stark gefährdet. Lebensraumzerstörung im Zusammenhang mit der massiven Abholzung in den zentralafrikanischen Wäldern, aber auch der lokale Wildfleischhandel haben die Bestandszahlen stark schrumpfen lassen.

Gegen solche Bedrohungen helfen den männlichen Mandrills auch ihre bis zu sieben Zentimeter langen Eckzähne nicht viel, vor denen selbst Leoparden großen Respekt haben. Auch Cita zeigt diese sehr gerne, besonders wenn er seine Gruppenmitglieder zur Raison bringen will. Aber jetzt erfreut sich die ganze Gruppe erst einmal ihrer neuen Außenanlage, die reichlich Klettermöglichkeiten und schönen Naturboden mit dem einen oder anderen schmackhaften Insekt bietet.

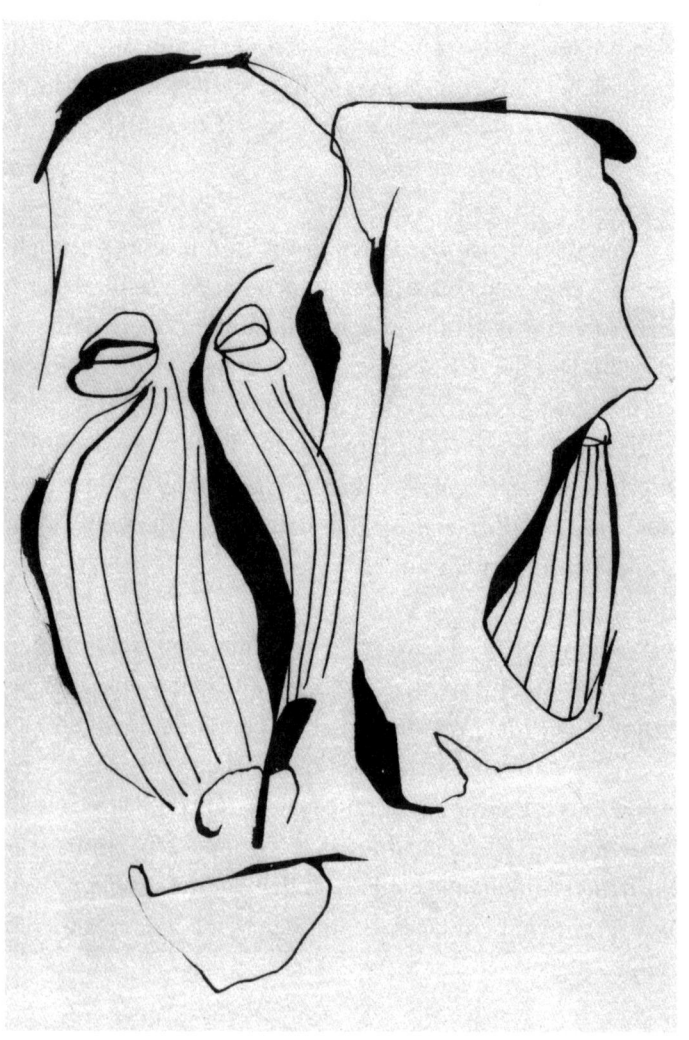

Jacques, der Sumatra-Tiger

NAME	Jacques
GESCHLECHT	männlich
ART	Sumatra-Tiger (*Panthera tigris sumatrae*)
GEBOREN	18. April 1999 in Lisieux (Frankreich)
LEBENSERWARTUNG	über 20 Jahre
GEHEGE	Tigeranlage
NATÜRLICHER LEBENSRAUM	tropischer Regenwald der Insel Sumatra
LIEBLINGSSPEISE	Rindfleisch
GEWICHT	ca. 120 kg
CHARAKTEREIGENSCHAFTEN	selbstbewusst und charakterfest

Tiger gehören zu den wenigen Katzen, die gerne ins Wasser gehen, und so genießt Jacques seinen Wassergraben ausgiebig, besonders im Sommer. Überhaupt bietet ihm sein naturnah gestaltetes Gehege viele Möglichkeiten, sich zu beschäftigen.

Ein Fleischstück, ein paar Meter hoch in einem Baum gehängt, bringt ihn in Bewegung: Hier muss er sich durchaus anstrengen, um seine „Beute" zu erlegen. Im Alter von drei Jahren kam Jacques im Oktober 2002 aus Frankreich nach Augsburg. Natürlich sollte er auch eine Partnerin bekommen. Doch da es für alle Tiger-Unterarten ein EEP (=

Europäisches Erhaltungszuchtprogramm) gibt, hat es einige Zeit gedauert, bis ihm ein passendes Weibchen zugewiesen werden konnte. Grundsätzlich ist das Alleinleben für Tiger kein Problem, in der Natur sind sie ausgesprochene Einzelgänger. Nur zur Paarung kommen sie zusammen; die Jungen zieht das Weibchen dann allein auf.

Im Januar 2004 reiste ein weiblicher Sumatra-Tiger von England nach Augsburg. Da die Zusammengewöhnung bei einzelgängerisch lebenden Großkatzen immer etwas kritisch ist, wurde beiden Tieren sehr viel Zeit gelassen, sich aneinander zu gewöhnen. Nachdem sie dann bereits mehrere Wochen zusammen waren, passierte dennoch das Unglück: Jacques tötete sein Weibchen. Später habe ich dem Zuchtbuch entnehmen können, dass so etwas in dem betreffenden Jahr in Europa mehrmals vorgekommen ist. Tiger ist nicht gleich Tiger. Es gibt Persönlichkeiten, die problemlos im Zoo zusammen leben können, und wieder andere, bei denen es leider nicht klappt.

Dabei wäre es so dringlich, dass gerade Sumatra-Tiger in Zoologischen Gärten Nachwuchs bekommen. Insgesamt gibt es auf der Insel Sumatra nur noch etwa 400 Individuen, Tendenz stark sinkend. Diese kleinste Unterart des Tigers ist durch massive Lebensraumzerstörung ganz akut vom Aussterben bedroht. Durch die Abholzung der Tropenwälder ist die gesamte Tierwelt auf Sumatra gefährdet, wozu auch andere große und imposante Tiere gehören, wie z. B. der Orang-Utan.

Jacques ist wohl von seiner Persönlichkeit her ein typischer Tiger und kann sich anscheinend nicht dauerhaft mit einem Weibchen arrangieren. Das müssen wir so akzeptieren, und es wird nicht noch einmal versucht, ein Weibchen für ihn zu bekommen.

Die munteren Kattas

NAME	Katta
GESCHLECHT	männlich
ART	Katta (*Lemur catta*)
GEBOREN	zwischen 2004 und 2010 in den Zoos von München, Wien und Emmen (NL)
LEBENSERWARTUNG	über 15 Jahre
GEHEGE	begehbares Gehege hinter den Mandrills
NATÜRLICHER LEBENSRAUM	Wälder und Buschregionen auf Madagaskar
LIEBLINGSSPEISE	Weintrauben
GEWICHT	ca. 10 kg
CHARAKTEREIGENSCHAFTEN	Sonne genießen

Wenn es um Tierpersönlichkeiten des Zoos geht, dürfen selbstredend die Kattas nicht fehlen. Besonders seit der Eröffnung der begehbaren Anlage sind sie eines der Highlights bei einem Zoobesuch. Allerdings sind die zwölf fröhlichen Herren (die natürlich alle einen eigenen Namen haben: Reuben, Bruce, Jason, Sambao, Vao, Bello, Bekily, Egon, Herbert, Hajo, Heit, Huub) auch auf den zweiten Blick kaum voneinander zu unterscheiden, und deshalb werden sie hier als Kollektiv dargestellt.

Für eine solche Anlage, in der die Besucher mitten zwi-

schen den Tieren laufen können, kommen nur recht wenige Affenarten in Frage. Viele kennen vielleicht den Affenwald in Salem mit Berberaffen. Da Augsburg aber über einen beheizbaren Innenraum für die Tiere verfügte, konnten wir uns ruhig für wärmeliebendere Tiere entscheiden. Totenkopfaffen standen auch zur Diskussion – aber sie reagieren sehr empfindlich auf die Fütterung durch Besucher. Denn einer Tatsache muss man sich immer bewusst sein: Eine begehbare Anlage ist nur möglich, wenn Disziplin gezeigt wird. Und zwar Disziplin seitens der Affen, aber in noch viel größerem Maße seitens der Besucher. Leider lässt ge-

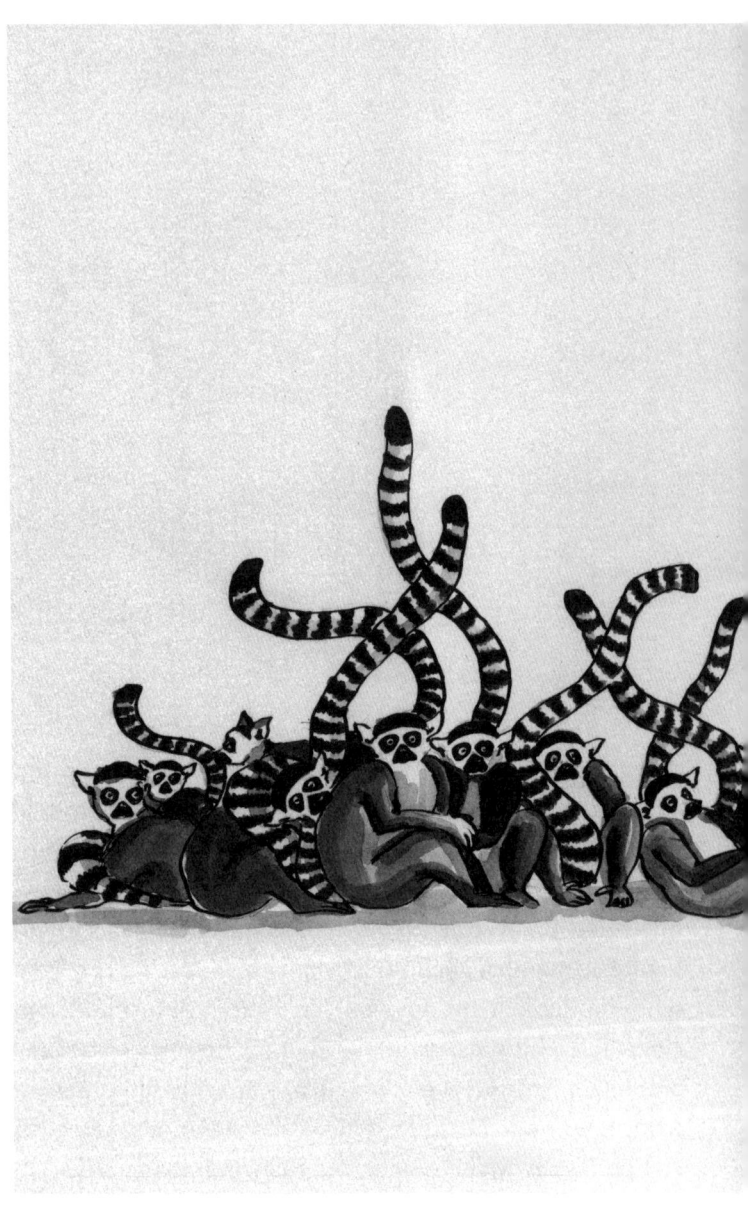

rade die häufig zu wünschen übrig, und daher mussten wir eher an eine robustere Art denken, die auf unvernünftiges Füttern mit Keksen nicht gleich mit schweren Krankheiten reagiert. Auch wenn Kattas so etwas gesundheitlich eher wegstecken, ist die Fütterung durch Besucher dennoch schädlich, schon allein deshalb, weil ein respektvoller Abstand auch bei begehbaren Gehegen erhalten bleiben sollte, zum Wohl der Affen und ebenso der Besucher.

Nach einigen Überlegungen wurde die Entscheidung zugunsten einer reinen Männergruppe getroffen. Nüchtern betrachtet ist es nämlich so, dass Kattas in sehr vielen Zoos gehalten werden, sehr gut züchten und Jungtiere nicht in gute Hände abzugeben sind. Außerdem haben bei dieser Art die Frauen quasi die Hosen an, und Damen untereinander bekommen immer einmal Streit. Wesentlich entspannter geht es in diesem Fall bei Männern zu. Das hat sich auch gleich gezeigt, als wir den Grundbesatz, bestehend aus sechs Herren vom Zoo Wien und zwei Herren aus dem Tierpark Hellabrunn (München), nach einem halben Jahr mit vier jungen Männchen aus dem Zoo Emmen (Niederlande) ergänzten. Die vier Neuen haben sich sofort in die bestehende Gruppe integriert, und seither tollt die ganze Gruppe gemeinsam über die Anlage.

In den ersten Wochen ging es nicht ohne ein leichtes Wettrüsten zwischen Zoomitarbeitern und Kattas ab, denn die erfindungsreichen Burschen haben immer wieder einen Weg gefunden, den Zaun zu überwinden. Jedes neu entdeckte Loch musste gestopft werden, und bald hatten sie eine neue Schwachstelle aufgetan. Als wir dann dachten, wir hätten die Sache zu unseren Gunsten entschieden, kamen die vier kleinen Kattas aus Emmen und sind aus dem Stand vom Boden auf das Dach des Hauses gesprungen. Jeder, der die Anlage kennt, wird bestätigen, dass dies eine sehr respektable Leistung ist. Also wurden weitere Stromlitzen über der Dachrinne angebracht.

Auch danach gab es noch die eine oder andere Episode, die den Kattas sicher viel Spaß gemacht und uns einige graue Haare beschert hat; derzeit scheinen aber die menschlichen Betreuer die Oberhand zu haben. Bleibt abzuwarten, was der Affenbande in Zukunft noch einfällt.

Kifarou, das Breitmaulnashorn

NAME	Kifarou
GESCHLECHT	männlich
ART	Nördliches Breitmaulnashorn *Ceratotherium simum simum*)
GEBOREN	16.02.2000 im Zoo Lisieux (Frankreich)
LEBENSERWARTUNG	über 40 Jahre
GEHEGE	Afrika-Panorama
NATÜRLICHER LEBENSRAUM	Steppen und Savannen mit Baum- und Buschgruppen
LIEBLINGSSPEISE	Brötchen
GEWICHT	über 3 Tonnen
CHARAKTEREIGENSCHAFTEN	anlehnungsbedürftig, kann aber auch seine Wünsche massiv durchsetzen

Im Unterschied zu anderen Nashornarten ist der Bestand der Breitmaulnashörner immerhin in einigen Ländern Afrikas gesichert. Es gibt allerdings auch dort Länder, in denen sie früher vorkamen, heute aber ausgerottet sind. Ein Beispiel dafür ist Uganda. Und seit 2009 hilft der Augsburger Zoo, indem er den RHINO Fund Uganda unterstützt. Dieser hat zum Ziel, Nashörner in einem geschützten Gebiet zu vermehren, um sie von dort aus wieder in den Nationalparks des Landes anzusiedeln. Die ersten Erfolge sind bereits zu verzeichnen. In den letzten Jahren wurden drei männliche Nashörner geboren, 2011 gab es endlich das erste weibliche Kalb, und weitere Geburten sind zu erwarten.

Im August 2008 wurde unser neues Nashornhaus mit insgesamt sechs Boxen eröffnet. Vier Breitmaulnashörner waren die ersten Bewohner: Die beiden Weibchen Chris und Kibibi kamen als junge Erwachsene aus Südafrika nach Augsburg. Unterdessen sollte das ältere Paar Daniel und Baby aus dem Zoo Salzburg ihnen bei der Eingewöhnung behilflich sein. Daniel war bei der Ankunft bereits 38 Jahre alt, und die Wahrscheinlichkeit, dass er noch Nashörner zeugen würde, war eher gering. Aus diesem Grund sollte nach der Eingewöhnungszeit der Herde auch ein junger Bulle zugesellt werden.

Im Juli 2010 zog dann Kifarou aus dem Zoo Kessingland (Großbritannien) ein. Im Vorfeld wurde mitgeteilt, dass es sich um einen sehr großen Bullen handelte, und damit hatte es durchaus seine Richtigkeit. Mit einer Widerristhöhe von 1,90 m und einem Gewicht von über drei Tonnen ist er ein riesiger Nashornbulle. Zur Eingewöhnung durfte er in der ersten Zeit beide Vorgehege direkt am Stall alleine nutzen. Dabei hat er sehr eindrucksvoll demonstriert, was ein Nashornbulle alles kaputtmachen

kann. Aus Sicherheitsgründen wurde das Afrika-Panorama noch ein wenig nachgebessert, um für alle Eventualitäten gerüstet zu sein, wenn Kifarou mit seinen Damen zusammenkommen würde. Daniel hatte zusammen mit seinen drei Damen seit über einem Jahr keine Schwierigkeiten auf der Anlage – aber in dem Fall geht man lieber auf Nummer sicher, denn wenn das Nashorn erst einmal in den Graben gefallen ist …

Mitte Juli 2011 war endlich alles soweit vorbereitet, und die Tür zum Afrika-Panorama öffnete sich für Kifarou. Bis sich der große Bursche aber tatsächlich auf die Anlage bewegt hat, dauerte es geraume Zeit. Bis zur Brücke und nicht weiter, entschied er die ersten Wochen. Als er sich schließlich überwunden hatte, bewegte er sich gemächlich über die 1,3 Hektar und sah sich alles recht entspannt an. In den Wochen danach konnte er sich mit den Damen anfreunden, und demnächst wird sich auch zeigen, ob er seinerseits auf die Weibchen attraktiv wirkt. Chris scheint durchaus schon von ihm angetan zu sein.

Marvin, die Rothschild-Giraffe

NAME	Marvin
GESCHLECHT	männlich
ART	Rothschild-Giraffe (*Giraffa camelopardalis rothschildi*)
GEBOREN	06.03.1995 im Zoo Augsburg
LEBENSERWARTUNG	über 20 Jahre
GEHEGE	Afrika-Panorama
NATÜRLICHER LEBENSRAUM	Akaziensavannen in Uganda und Kenia
LIEBLINGSSPEISE	Zwieback
GEWICHT	ca. 1 000 kg
CHARAKTEREIGENSCHAFTEN	neugierig und zutraulich

Marvin ist der Zuchtbulle der Giraffengruppe im Augsburger Zoo. Insgesamt hat er schon sechs Jungtiere gezeugt, seine jüngste Tochter Luna ist am 3. März 2011 geboren. Die anderen sind mittlerweile in ganz Europa verstreut, zuletzt ging Tochter Joy in einen Zoo nach Dänemark. Marvins eigene Geburt seinerzeit war etwas ganz Besonderes, denn er war ein Zwilling, und Zwillinge gibt es bei Giraffen so gut wie nie. Dementsprechend tragisch verlief auch die Geburt, denn leider verstarben sowohl seine Zwillingsschwester als auch die Mutter. Marvin musste mit der Flasche aufgezogen werden, daher ist er auch sehr zugänglich und lässt sich gerne mit Zwieback verwöhnen.

Giraffen sind die größten Säugetiere der Welt, über fünf Meter können sie groß werden. Ihre Zunge ist dick mit Speichel umhüllt, und das macht es ihnen möglich, Blätter von den dornigen Zweigen der Akazien zu streifen, von denen sie sich hauptsächlich ernähren. In dieser luftigen Höhe macht ihnen kein anderer Blattfresser Konkurrenz. Am Boden zu grasen, wäre für Giraffen umständlich und auch gefährlich. Wer einmal eine Giraffe beim Trinken beobachtet hat, wird das gut verstehen: Mit gespreizten Beinen und tief gesenktem Kopf kann man bei Angriffen von Fressfeinden, z. B. Löwen, sehr schlecht fliehen. Daher nehmen sie auch einen Großteil ihres Flüssigkeitsbedarfs aus der Nahrung auf und müssen nicht regelmäßig trinken.

Die verschiedenen Unterarten von Giraffen sind immer noch nicht eindeutig festgelegt. Manche Forscher sprechen von sechs, andere von elf Unterarten, die hauptsächlich anhand der verschiedenen Fellzeichnungen unterschieden werden. Laut Washingtoner Artenschutzabkommen sind sie als nicht gefährdet eingestuft, allerdings ist die Rothschild-Giraffe vermutlich die seltenste. Außer in Uganda mit etwa 120 Tieren kommt sie wahrscheinlich nur noch in Kenia vor. Ihr Vorkommen im Südost-Sudan ist aufgrund der schwierigen politischen Lage heute völlig ungewiss.

Marvin geht langsam auf das Alter von 20 zu und ist somit nicht mehr der Jüngste, aber das merkt man ihm überhaupt nicht an. Ein Signal ist allerdings die Veränderung der Fellfarbe: Giraffen werden nämlich immer dunkler, je älter sie werden.

Nicki, die Schimpansin

NAME	Nicki (eigentlich Nicoline)
GESCHLECHT	weiblich
ART	Westafrikanischer Schimpanse (*Pan troglodytes verus*)
GEBOREN	etwa 1983 in Sierra Leone, in Augsburg seit 20. November 1993 (vom Zoo Osnabrück)
LEBENSERWARTUNG	über 50 Jahre
GEHEGE	zwischen Elefanten- und Reptilienhaus
NATÜRLICHER LEBENSRAUM	tropischer Regenwald im Westen von Afrika
LIEBLINGSSPEISE	Feigen, Erdnüsse
GEWICHT	ca. 70 kg
CHARAKTEREIGENSCHAFTEN	sehr dominant und stets hungrig

Die herausragende Eigenschaft von Nicki ist ihre Leidenschaft zu essen. Wie man sieht, leidet auch ihre Figur darunter, und manche Besucher sprechen von einem Gorilla, wenn sie diese Schimpansendame sehen. Die Tierpfleger bemühen sich natürlich, dies durch eine ausgewogene Nahrung (besonders Gemüse, wenig Leckereien) zu kanalisieren, aber auch die beiden Männer in der Gruppe, Akemo und Coco, wollen natürlich ab und an etwas Süßes. Und die Schnellste, wenn es ums Essen geht, ist immer Nicki.

Das liegt nicht etwa an einer kavaliersmäßigen Zurückhaltung der beiden Männer der Dame gegenüber – Tatsache ist, dass Nicki ihre beiden Mitbewohner ziemlich gut im Griff hat.

Seit 1993 lebt Nicki in Augsburg. Sie hat den Augsburger Schimpansenmann Coco, der einige Jahre im Zoo Osnabrück verbracht hatte, auf dem Rückweg begleitet. Was bei ihrer Ankunft allerdings nicht klar war: Nicki hat ein Kuckuckskind mitgebracht, das sich sieben Monate später mit der Geburt von Akemo gezeigt hat. Sie war eine sehr fürsorgliche Mutter und bis heute hat sich ihr Sohn noch nicht völlig von ihr abgenabelt, obwohl er mittlerweile schon 17 Jahre alt ist. Aber das ist eine andere Geschichte.

Nicki gehört zur Unterart der westafrikanischen Schimpansen, die von Senegal bis Ghana vorkommen. Diese Gruppe unterscheidet sich so stark von den übrigen Unterarten, dass derzeit diskutiert wird, sie als eigene Art anzusehen. Westafrikanische Schimpansen sind in ihrem Verbreitungsgebiet selten geworden, besonders der sogenannte Bushmeat- (Wildfleisch-) Handel bedroht die Tiere. Deshalb hat sich auch der Zoo Augsburg an einem Schutzprojekt in Sierra Leone beteiligt, das zum Ziel hat, die Anzahl der überhaupt noch in diesem Gebiet lebenden

Schimpansen festzustellen, damit konkrete Schutzprojekte geplant werden können.

Nicki gehört mit zu den letzten Zoo-Schimpansen, die noch als Wildfänge in den 80er Jahren nach Europa kamen. Heute wäre so etwas undenkbar. Und so hat Nicki auch nie in irgendeiner Form eine soziale Annäherung an die Tierpfleger gezeigt, wie es die im Zoo geborenen Coco und Akemo tun.

Nina, die Braunbärin

NAME	Nina
GESCHLECHT	weiblich
ART	Syrischer Braunbär (*Ursus arctos syriacus*)
GEBOREN	10.01.1980 im Tiergarten Nürnberg
LEBENSERWARTUNG	über 30 Jahre
GEHEGE	Braunbärenanlage
NATÜRLICHER LEBENSRAUM	offene Gebiete im Kaukasus und Nahen Osten
LIEBLINGSSPEISE	Weintrauben, Fleisch
GEWICHT	300 kg
CHARAKTEREIGENSCHAFTEN	eher ängstlich

Wie das Leben so spielt, kam Nina im März 2011 fast zurück an den Ort ihrer Geburt. Nachdem sie über 30 Jahre im Zoo Ostrava (Tschechien) verbracht hatte, ist sie jetzt wieder zurück in Bayern. In Tschechien lebte sie nach dem Tod ihres Partners im Jahr 2000 im dortigen Zoo. Ostrava wollte nun seine Bärenanlage umbauen und suchte einen guten Platz, an dem Nina ihre letzten Lebensjahre verbringen konnte. Nachdem Augsburg derzeit zwei weibliche Bären hatte und noch Platz für mindestens einen weiteren, haben wir angeboten, sie zu uns zu nehmen.

Bärenkisten sind naturgemäß massiv gebaut, und so war schweres Gerät notwendig, um die Kiste mit Nina an den Schieber der Außenanlage zu bringen. Glücklicherweise hat uns die Berufsfeuerwehr Augsburg mit ihrem Kran unterstützt, und die Aktion ging routiniert und für Nina ganz entspannt über die Bühne. Die ersten Wochen durfte sie dann alleine das für sie neue Gelände untersuchen, und sie hat begeistert den Rasen und das Wasserbecken untersucht und ist über die Anlage gestrolcht. Es wurde aber sehr schnell klar, dass sie mit 31 Jahren schon an ihrer Altersgrenze ist. Sie bewegt sich zwar noch sehr agil, hört und sieht aber ziemlich schlecht. Daher gestaltete sich die Zusammengewöhnung mit unseren beiden Braunbärinnen sehr schwierig. Ulma und Raetia sind zwar nur einige Jahre jünger, aber doppelt so schwer, haben Heimrecht und sind als Mutter und Tochter sowieso verbündet. Erschwert wurde die Sache für Nina noch durch ihre Defizite beim Hören und Sehen. So ist es nur verständlich, dass sie sehr ängstlich beim Gitterkontakt mit den beiden anderen Bären reagierte.

Leider ist es bisher nicht gelungen, die drei aneinander zu gewöhnen. Dennoch macht es richtig Spaß zu beobachten, wie Nina es genießt, sich auf dem Rasen zu bewegen oder ein kühles Bad im Wasserbecken zu nehmen. Sie kann das Außengehege abends und nachts nutzen, wenn Ulma und Raetia im Innenraum sind, und im Winter eigentlich

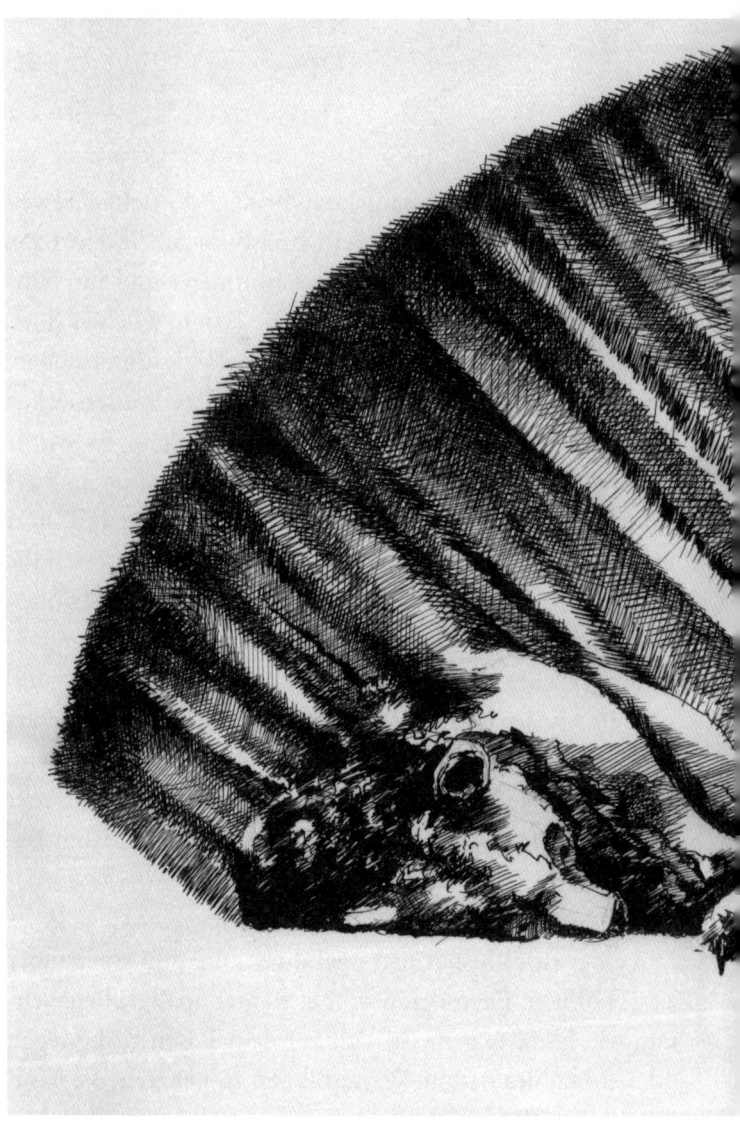

über 24 Stunden, da unsere beiden sich in die Winterruhe zurückziehen. Von ihrem Verhalten her kann angenommen werden, dass es ihr in ihrer neuen Heimat gefällt und sie sich wohl fühlt, auch wenn es mit den beiden anderen Damen nicht klappen sollte. Ein Problem ist das für Braunbären eigentlich nicht, denn üblicherweise findet man im Freiland nur Weibchen mit Jungtieren zusammen, alle anderen ziehen alleine durch ihr bis 1000 qkm großes Territorium.

Nina kann man übrigens sehr leicht von unseren anderen Bären unterscheiden. Abgesehen von der geringeren Größe hat sie ein sehr helles Fell. Manche Syrische Braunbären sind so hell, dass sie mit Eisbären verwechselt werden. In ihrem ursprünglichen Verbreitungsgebiet ist diese Unterart sehr selten geworden, wenn nicht mittlerweile sogar ausgestorben. Im Gegensatz dazu handelt es sich bei Ulma und Raetia um Europäische Braunbären, die in wesentlich kälteren Regionen vorkommen und daher auch viel größer und schwerer sind.

Purzel, der Kapuzineraffe

NAME	Purzel
GESCHLECHT	männlich
ART	Kapuzineraffe (*Cebus apella libidinosus*)
GEBOREN	1996 im Primatenzentrum der Universität Kassel
LEBENSERWARTUNG	über 35 Jahre
GEHEGE	Kapuzineraffen-Anlage gegenüber der Goggelesbrücke
NATÜRLICHER LEBENSRAUM	tropischer Regenwald in Südamerika
LIEBLINGSSPEISE	Heuschrecken und Weintrauben
GEWICHT	ca. 10 kg
CHARAKTEREIGENSCHAFTEN	als ältestes Männchen der 11köpfigen Gruppe natürlich der Chef. Ob er bleibt, wird die Zukunft zeigen.

Der Trupp Kapuzineraffen ist relativ neu im Augsburger Zoo, und die unternehmungslustigen Gesellen wurden schon bald nach ihrer Ankunft im April 2011 ein Besuchermagnet. Nie können sie still sitzen, ständig untersuchen sie ihr Gehege nach Essbarem oder Dingen, die man erforschen und kaputtmachen kann. Jeder Hohlraum wird erkundet, jedes Grasbüschel auseinander genommen, es könnte sich ja etwas Interessantes darin verstecken. Da unsere Kapuziner noch sehr jung sind, sind sie natürlich ganz besonders entdeckungsfreudig und nehmen begeistert jede Gelegenheit wahr, Dinge zu zerlegen und genau zu untersuchen. Der Chef der Truppe allerdings, der 17jährige Purzel, ist im Vergleich zu den quirligen Jungaffen der ruhende Pol. Fast schon gemessen streift er durch sein Gehege, die anderen immer im Blick.

Er hat schon einiges erlebt. Die Gruppe Kapuzineraffen stammt aus dem Zoo Schwerin, dort gibt es einen großen Trupp, der aus über 30 Tieren besteht. Nachdem der Chef der Gruppe verstorben war, musste sich ein neuer Führer durchsetzen. Dabei wurde Purzel böse attackiert und musste aus der Gruppe genommen werden. Zusammen mit einem Weibchen verbrachte er die letzten Monate in einem separaten Gehege. Als Augsburg nun eine Gruppe haben wollte, ergab sich die Gelegenheit, mit Purzel und seinem Weibchen Erna als Mittelpunkt eine neue Gruppe zusammenzustellen. So reisten die beiden zusammen mit acht jüngeren Kapuzineraffen nach Bayern. Erna war hochschwanger und hat schon drei Tage nach der Ankunft ihr Baby bekommen, das mittlerweile bereits ein vollwertiges Gruppenmitglied ist.

Targa, die Asiatische Elefantendame

NAME	Targa
GESCHLECHT	weiblich
ART	Asiatischer Elefant (*Elephas maximus*)
GEBOREN	etwa 1954 in der Region Assam, in Augsburg seit 1987 (aus dem Zoo Osnabrück)
LEBENSERWARTUNG	über 60 Jahre
GEHEGE	Elefantenanlage
NATÜRLICHER LEBENSRAUM	Assam
LIEBLINGSSPEISE	Feigen
GEWICHT	ca. 4 Tonnen
CHARAKTEREIGENSCHAFTEN	ehemalige Matriarchin der Gruppe, sehr intelligent

Targa ist nach unserer Kenntnis die älteste Bewohnerin des Augsburger Zoos. Geboren wurde sie etwa 1954 in Asien, sie ist also noch einer der ganz wenigen Wildfänge, die hier gehalten werden. Über Hamburg kam sie 1987 aus dem Zoo Osnabrück nach Augsburg und wurde sehr schnell die Chefin der Gruppe. Der Grund war zunächst ihr Alter, sie war nämlich das älteste Tier unter den gehaltenen Elefanten.

Im Freiland reduzieren sich die Bestände gerade an Asiatischen Elefanten immer mehr (es heißt übrigens richtiger Asiatische und nicht Indische Elefanten, denn man findet diese Art nicht nur in Indien, sondern in insgesamt 13 Staaten in Süd- und Südostasien sowie auf verschiedenen Inseln). Im Gegensatz zu ihren afrikanischen Verwandten, die in offenen Savannen leben, halten sich Asiatische Elefanten in bewaldeten Gebieten auf. Sie sind derzeit auf der internationalen Roten Liste der gefährdeten Tierarten als „endangered", also stark gefährdet eingestuft. Durch zunehmende Lebensraumzerstörung (Abholzung der noch existierenden Waldgebiete) steht gerade bei dieser Elefantenart allerdings zu befürchten, dass sich die Anzahl der noch frei lebenden Individuen weiter reduziert. Es gibt für Asiatische Elefanten ein internationales Zuchtbuch, und in den letzten Jahren werden auch zunehmend Jungtiere in Zoos geboren. Um sie allerdings erfolgreich auswildern zu können, müssen natürliche Lebensräume – am besten geschützte – in Form von Naturschutzgebieten zur Verfügung stehen.

Targa lebt zusammen mit der Asiatischen Elefantenkuh Burma und den beiden afrikanischen Elefanten Sabi und Tembo im Augsburger Zoo. Vor einigen Jahren wurden die Außenanlage und das Innengehege für die Elefanten umgebaut und deutlich vergrößert. Nun muss sie im Haus nicht mehr angekettet werden. Dadurch kann sie sich abends und im Winter bewegen, wie sie Lust hat, und sich ihren Schlafplatz aussuchen. Ruhen tut sie am liebsten in dem neuen Anbau, denn dort wird den Elefanten extra viel Stroh hingelegt, damit sie sich gemütlich hinlegen können. Sie weiß besonders zu schätzen, dass es jetzt einen großen Swimmingpool im Außenbereich gibt, und bei bis zu 1,90 m Wassertiefe kann man auch als Elefant komplett untertauchen, zumindest im Liegen. Targa nutzt die Schlammsuhle auch gern für die Hautpflege; hinterher wird dann noch ein wenig Sand über den Rücken gepudert.

Vor einiger Zeit kam es innerhalb der Elefantengruppe zu Unruhe. Die afrikanische Elefantenkuh Sabi machte Targa den Rang als Leitkuh streitig und griff sie eines Nachts an. Seither bestehen Spannungen in der Gruppe, und die Elefanten können nachts nicht mehr zusammen gehalten werden. Für Targa war dies eine sehr schlimme Erfahrung, mit der sie erst fertig werden muss. Während beispielsweise in einem Löwenrudel der Pascha nur einige Jahre über sein Rudel herrschen kann, bevor er von einem stärkeren Männchen abgelöst wird, gibt es das bei Elefanten nicht. Die Matriarchinnen einer Herde bleiben Leitkuh bis zu ihrem Tod.

Leonie, die Persische Leopardin

NAME	Leonie
GESCHLECHT	weiblich
ART	Persischer Leopard (*Panthera pardus saxicolor*)
GEBOREN	27.09.2010 Tierpark Burg Stargard
LEBENSERWARTUNG	über 20 Jahre
GEHEGE	Tigerhaus
NATÜRLICHER LEBENSRAUM	Waldgebiete in Zentralasien
LIEBLINGSSPEISE	Kaninchen
GEWICHT	ca. 50 kg
CHARAKTEREIGENSCHAFTEN	schüchtern

„Leonie" ist ganz neu hier, sie reiste am 20. Februar 2012 aus dem Tierpark Klüschenberg in Mecklenburg-Vorpommern nach Augsburg. Zeitgleich kam ihr zukünftiger Paarpartner „Pierre" aus Frankreich. Sie sind die Nachfolger der beiden Amur-Leoparden „Boris" und „Mischa", die im Alter von 20 Jahren kurz hintereinander im Vorjahr verstarben.

Leoparden kommen in mehreren Unterarten in Afrika und Asien vor. Der Persische Leopard ist eine der seltensten Formen, vermutlich leben nur noch weniger als 1 000 Individuen in den natürlichen Verbreitungsgebieten Zentralasiens, Tendenz sinkend. Problematisch für das Überleben des Persischen Leoparden sind dessen kleine Gesamtzahl und die Aufsplitterung dieses Restbestandes in räumlich isolierte Kleinstpopulationen (auch in der Türkei soll es noch einige Tiere dieser Leoparden-Unterart geben). Außerdem wird der menschliche Jagddruck auf die natürliche Beute (Bezoar-Ziege, Rothirsch, Mufflon) immer größer, so dass die verbliebenen Katzen kaum genügend zum Fressen finden.

Unsere „Perserkatze" Leonie fungiert jetzt in Augsburg als Botschafterin für die letzten noch frei lebenden Persischen Leoparden. Erst muss sie sich aber in ihrer neuen Heimat einleben – und insbesondere an ihren Partner Pierre gewöhnen. Einstweilen ist sie noch sehr schüchtern und hält sich meistens versteckt hinter den Baumstämmen und Pflanzen in ihrem Gehege auf. Wenn sie erst mit der Umgebung vertraut ist, wird sie sich sicherlich häufiger zeigen.

Leonie darf laut der zuständigen Zuchtbuchführerin mehrmals Junge bekommen. Darüber freuen wir uns ganz besonders, denn in Augsburg sind schon lange keine Großkatzen mehr geboren worden. Bei den Leoparden gab es zum letzten Mal vor fast 20 Jahren Nachwuchs.

Der Augsburger Naturschutzfonds

Die Arbeit von Zoologischen Gärten im Bereich des Naturschutzes wird bedauerlicherweise in der Öffentlichkeit häufig nicht wahrgenommen, obwohl Zoos sehr viel im Naturschutz, Artenschutz und auch der Umweltbildung leisten.

Einen wichtigen Anteil haben in diesem Zusammenhang natürlich die Zooschulen, die Kindern den Umweltgedanken näher bringen. Mehrere Tausend Kinder werden jährlich bei einer Führung über Umweltschutz informiert oder ihnen wird das Thema Natur- und Artenschutz nähergebracht. Der Augsburger Zoo arbeitet außerdem sehr eng mit dem Landschaftspflegeverband der Stadt Augsburg zusammen. Während der Landschaftspflegeverband Naturschutz vor Ort betreibt, zeigen wir im Zoo die Tiere, um die es geht, die es in der Region gibt und schützenswert sind. So hat man in Augsburg die Gelegenheit, einen Ausschnitt des Lebensraumes heimischer Reptilien zu sehen, mit Schlingnatter, Kreuzotter und Ringelnatter. Oder man kann heimische Amphibien (Gelbbauchunke, Laubfrosch und Bergmolch) beobachten. Damit hat man die Möglichkeit, Arten zu erleben, die im Freiland nicht so einfach zu finden sind.

Seit einigen Jahren macht der Augsburger Zoo aber

noch mehr. Dank der Existenz des Naturschutzfonds haben wir die Möglichkeit, auch mit eigenen Mitteln in den Lebensräumen zu helfen, in denen Tiere geschützt werden müssen. Seit 2009 existiert dieser Fonds, und jeder Besucher des Zoos hilft mit, diesen zu füllen. Denn von jeder verkauften Eintrittskarte gehen 10 Cent und von jeder verkauften Jahreskarte 25 Cent in den Naturschutzfonds. Je nach Besucherzuspruch füllt er sich dadurch im Jahr mit etwa 40 000 €, die in Naturschutzprojekte vor Ort fließen.

Ein Schwerpunkt dieser Unterstützung sind für den Augsburger Zoo afrikanische Nashörner, speziell Breitmaulnashörner. Während sich die Population dieser Art in Südafrika wieder sehr gut erholt hat, wurden Breitmaulnashörner in Uganda in den 80er Jahren des 20. Jahrhunderts ausgerottet. 2002 wurde in einem von der EU geförderten Projekt ein 70 qkm großes Gebiet eingezäunt und als Schutzgebiet ausgewiesen. Dort wurden ab 2005 insgesamt sechs Breitmaulnashörner angesiedelt. Die ersten Geburten auf ugandischem Boden seit mehr als 25 Jahren geschahen 2009, und mittlerweile sind vier Babys geboren worden; zwei Weibchen sind zurzeit noch tragend. Insgesamt leben also mittlerweile wieder 10 Nashörner in Uganda im *Ziwa Rhino Sanctuary*, Tendenz steigend. In einigen Jahren sollen die nachgezogenen Tiere dann in anderen ugandischen

Nationalparks angesiedelt werden. Und mittlerweile haben auch die Touristen das Schutzgebiet entdeckt und schätzen das einmalige Erlebnis, Nashörner zu Fuß zu besuchen und sich ihnen bis auf wenige Meter nähern zu können. Die Besucherzahlen steigen, aber Unterstützung von außerhalb ist weiterhin erforderlich. Weitere Infos gibt es auf der Homepage www.rhinofund.org.

Auch andere Projekte sind von dem Augsburger Naturschutzfonds in den letzten Jahren unterstützt worden und werden in Zukunft unterstützt. Ein zusätzlicher Schwerpunkt soll in den nächsten Jahren im regionalen Bereich liegen. Informationen dazu sind zu finden auf unserer Homepage (www.zoo-augsburg.de).

Ungeladene Gäste im Zoo

Ein Zoo ist ein Wirtschaftsunternehmen, und entsprechend wird auch im Tierbestand eines Zoos am Jahresende Inventur gemacht. Im Augsburger Zoo gab es am 31.12.2011 insgesamt 1.320 Individuen in 260 Arten. Nicht gezählt werden dabei alle Tiere, die als natürlicher Bestand frei im Zoo leben. Das sind beispielsweise Eichhörnchen oder auch heimische Singvögel wie Meisen, Amseln und Spatzen. Dazu gehören aber auch andere freilebende Tiere, die oftmals nicht erwünscht sind – oder sogar großen Schaden verursachen können, sei es finanzieller Natur, indem sie das teuer eingekaufte Futter fressen, oder auch durch direktes Schädigen von Zoobewohnern.

Graureiher

Sicherlich fallen jedem Zoobesucher die vielen Graureiher im Zoo auf, die besonders abends auf dem Afrika-Panorama gesichtet werden. Dazu muss ganz entschieden gesagt werden, dass es sich nicht um Zoovögel handelt. Es sind ausnahmslos wilde Graureiher, die sich im Zoo nur an den gedeckten Tisch setzen, was uns jedes Jahr eine nicht unerhebliche Geldsumme an Futtermitteln kostet.

Lange Zeit haben die Graureiher nur zum Essen vorbeigeschaut und sich abends immer wieder in ihre Brutkolonie

verabschiedet. Wo sich diese damals befand, ist nicht überliefert. In diesem Zusammenhang ist vielleicht interessant, dass sich bei der Sonnenfinsternis in Augsburg 1999 die Graureiher schon tagsüber auf den Weg zu ihren Schlafplätzen machten. Als es nämlich dunkel wurde, dachten die Vögel, der Abend käme schon. Sie haben alle den Zoo verlassen und sind zu ihren Nestern geflogen.

Vor etwa 10 Jahren haben dann die ersten festgestellt, dass sich die Buchen im Siebentischwald ganz hervorragend zum Nestbau eignen. Außerdem spart man sich so den allabendlichen Flug zurück, man sitzt quasi ständig am gedeckten Tisch, was die Quote der erfolgreichen Jungenaufzucht erhöht. So siedelten sich im Laufe der Jahre immer mehr Graureiher an, die Zahl der Nester wuchs. Gezählt wurden sie vom Zoo noch nicht, aber 50 dürften es mittlerweile schon sein.

Wir sehen das Anwachsen dieser Kolonie durchaus mit gemischten Gefühlen. Einmal sind damit die „Mitesser" natürlich mehr geworden, und außerdem darf man die Infektionsgefahr nicht unterschätzen, die von Wildvögeln ausgeht. Dies stellt ein Risiko für die Zoopopulation dar, und auch wenn die Geflügelgrippe derzeit in den Medien kein Thema mehr ist, werden wir die Restriktionen, die

114 ...

sie damals für unseren Vogelbestand gebracht hat, nicht so schnell vergessen. Andererseits sind es natürlich sehr schöne heimische Vögel, und ändern können wir am Anwachsen der Kolonie sowieso nichts.

Stockenten

Unzählige Stockenten besiedeln gerade im Winter die Wasserflächen im Zoo. Logischerweise, denn diese sind relativ lange eisfrei, und zu essen gibt es hier auch genug. Von den 30 Tonnen an Geflügelkörnerfutter, die jährlich im Zoo verbraucht werden, landen sicherlich 15 Tonnen im Magen von Stockenten (oder Wildenten, wie der umgangssprachlich vielleicht bekanntere Name ist). Glücklicherweise gibt es in der wärmeren Jahreszeit aber viele andere zugängliche Wasserflächen im Augsburger Stadtgebiet – und auch viele Spaziergänger, die dann für Futter sorgen.

Weißstörche

Seit mittlerweile fast 10 Jahren besiedelt ein Paar Weißstörche ein Nest auf einem Baum am Mähnenwolfgehege. Seit acht Jahren brüten sie auch erfolgreich und ziehen jedes Jahr mehrere Jungen auf. Im letzten Jahr hat der Zoo erstmals eine Kamera auf den Horst gerichtet, und unsere Besucher konnten das Brutgeschäft und die Aufzucht der Jungen auf einem Fernsehbildschirm vom ersten Tag an verfolgen. Eltern und Jungstörche ziehen dann im August wieder in den Süden, und pünktlich im März erscheint das Brutpaar wieder am Horst. Wie es sich gehört, kommt der Mann einige Wochen vor dem Weibchen, um eventuelle Schäden am Nest noch in Ordnung zu bringen. Auch diese Storchenfamilie findet im Zoo immer einen gedeckten Tisch vor. Sie haben sich mittlerweile auf Zookost eingestellt und nehmen das, was unsere Zoostörche auch bekommen, nämlich hauptsächlich Küken.

Krähen

Die Rabenkrähen zählen zu den intelligentesten Vögeln. Als Allesfresser bedienen auch sie sich gerne am Futter im Zoo. Leider beschränken sie sich nicht darauf, sondern haben es auch auf die Eier von Enten und Kranichen, beziehungsweise deren Küken, abgesehen. Gemeinschaftlich tricksen sie die Zoovögel aus, um an die Gelege zu kommen. Ähnlich wie die Graureiher scheinen sie von Jahr zu Jahr mehr zu werden. Erfolgreiche Nachzuchten sind beim Wassergeflügel daher inzwischen leider nur möglich, wenn wir die Eier aus den Nestern nehmen und im Brutapparat ausbrüten.

Kleine Störenfriede

Kein Zoo ohne Schadnager (Mäuse und Ratten), Kaker-
laken (angenehm temperierte Räume über das ganze Jahr)
oder Ameisen (hauptsächlich kleine tropische Formen wie
Pharaonenameisen). Alle diese Schädlinge nehmen Futter
auf, das eigentlich für unsere Zootiere gedacht ist. Der fi-
nanzielle Schaden ist in dem Zusammenhang eher zu ver-
nachlässigen, aber nicht unterschätzt werden darf die Möglichkeit der Übertragung von Krankheiten. Bei Ameisen
kommt außerdem noch die Störung der Tiere hinzu. Es
nervt einfach, wenn ständig Ameisen auf einem herum-
krabbeln.

Marder, Wiesel und Habicht

Und dann gibt es noch Tiere, die den Zoo zwar auch als
Futterlieferant sehen, allerdings nicht in Form von durch
die Pfleger dargebotenem Futter, sondern als Selbstbedie-
nungstheke in Gestalt unserer Zootiere. Gemeint sind damit Marderartige und Greifvögel, wie z. B. der Habicht.
Auch das ist nicht sehr schön. Besonders wenn man einen
standorttreuen Störenfried hat, der sich immer wieder in
der gleichen Voliere bedient. Natürlich müssen sich auch
diese Beutegreifer versorgen und wollen etwas zum Fressen
haben, aber für einen Zoo kann dies richtig zum Problem

werden. Oft hilft dann nur eine Falle, um dem Schaden ein
Ende zu machen.

Fuchs

Ein Räuber, der anderen Zookollegen sehr zu schaffen
macht, fehlt allerdings erfreulicherweise im Augsburger
Zoo: der Fuchs. Dieser schafft es nämlich, selbst relativ
große Beutetiere zu überwältigen, wie beispielsweise Kängurus oder Nandus. Füchse können in einem Zoologischen
Garten zu einem riesigen Problem werden, da sie dank ihrer sprichwörtlichen Schläue nicht einfach zu fangen sind.
Aus diesem Grund haben wir für unsere Besucher auch
keine Drehtür, denn solch eine Mechanik bedeutet keine
Schranke für den Fuchs. Durch das Fehlen einer solchen
Ausgangstür und die fuchssichere Begrenzungsmauer gibt
es seit mehreren Jahrzehnten keinen Fuchs mehr auf dem
Zoogelände. Dafür nehmen wir die Marder, Wiesel, Graureiher, Habichte und Stockenten, die sich im Zoo bedienen, in Kauf.

Tiere kommen und gehen

Bei Führungen kommt meist irgendwann die Frage auf, wie der Zoo eigentlich zu seinen Tieren kommt. Die Frage ist einfach, ihre Beantwortung allerdings ist ziemlich kompliziert und beginnt mit: Es kommt drauf an.

Zum einen gibt es seltene Tiere, die vom Aussterben bedroht sind. Für diese Arten existiert ein Zuchtbuch, das innerhalb Europas „Europäisches Erhaltungszuchtprogramm", kurz EEP, genannt wird. Für jedes einzelne EEP gibt es einen Koordinator, der den Überblick über den Bestand seiner Art in europäischen Zoos hat. Daher kann er genau beurteilen, welches Tier in welchen Zoo abgegeben werden sollte, damit die genetische Vielfalt möglichst erhalten bleibt. Außerdem entscheidet er oder sie bei manchen Arten, welche Individuen züchten dürfen und welche nicht. Im Augsburger Zoo fallen beispielsweise die Grevy-Zebras in diese Kategorie. Da unser Hengst sehr erfolgreich war und viele Junge gezeugt hat, darf er sich inzwischen nicht mehr vermehren und wurde in einen Zoo abgegeben, der eine Hengstherde hält.

Dies ist nur ein Beispiel; nach dem gleichen Muster wird bei Kattas, Mähnenwölfen, Nashörnern, Mandschurenkranichen, Springtamarinen, Wüstenfüchsen und über 20 weiteren Arten, die wir in Augsburg halten, vorgegangen. Insgesamt gibt es in Europa fast 500 Tierarten mit einem Zuchtbuch.

Für alle Arten gilt, dass weder die Abgabe noch der Erhalt von Tieren mit einem Geldfluss verbunden ist. Tiere werden stets kostenlos abgegeben und wir erhalten sie auch kostenlos. Ob dies nun als Leihgabe, als Geschenk oder im Tausch erfolgt, steht nur auf dem Papier, bzw. in der Tierkartei. Auch bei einem möglichen Tausch handelt es sich um einen „offenen Tausch". Das bedeutet, dass dies nicht sofort eins zu eins passiert, sondern irgendwann einmal irgendein Tier getauscht wird; ob das in einem oder in zehn Jahren passiert, ist unwesentlich. Vielleicht ergibt sich auch niemals die Gelegenheit – auch dann wird nicht aufgerechnet. Bei Tieren, die nicht in einem Zuchtbuch geführt werden, funktioniert es zwischen den Zoos im Prinzip auf die gleiche Art und Weise, jedoch einfacher: Dabei bestimmt kein Zuchtbuchführer, welches Individuum kommt oder geht, sondern dies machen die Zoos unter sich aus. Das gilt z. B. für die Nasenbären, Muntjaks oder Kängurus.

Der beschriebene Austausch läuft relativ problemlos zwischen den Zoos in Europa. Dafür gibt es auch im Internet spezielle Angebots- und Suchlisten für die einzelnen Tierarten. Der Augsburger Zoo kann also angeben, dass er

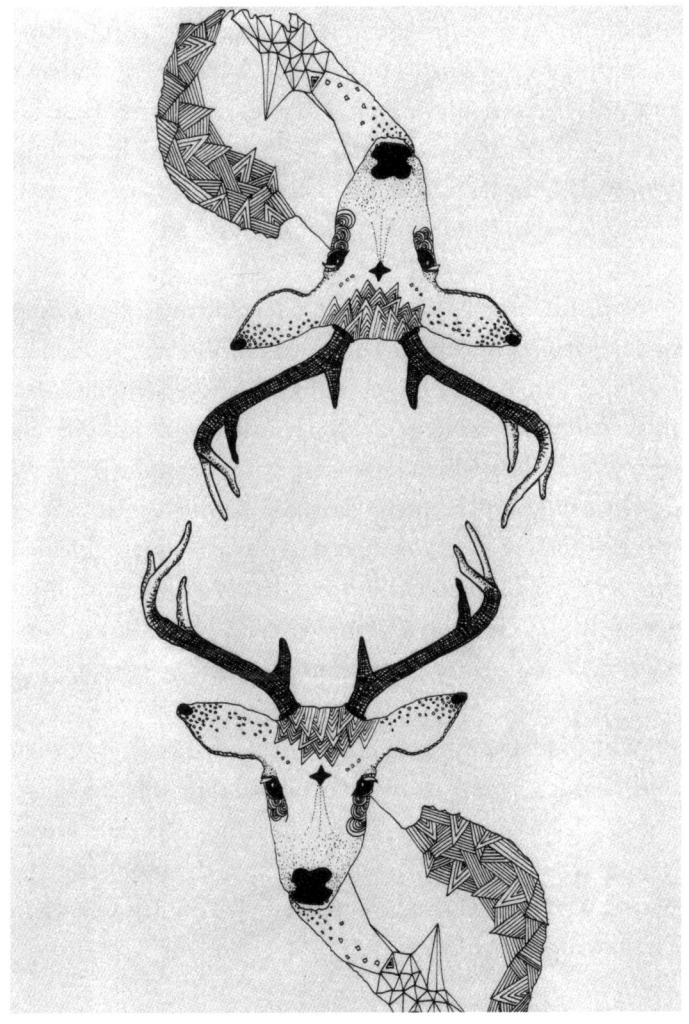

bestimmte Tiere sucht oder auch abzugeben hat. Die Kollegen und Kolleginnen können sich darüber informieren und uns gegebenenfalls kontaktieren. Nur wenn Tiere an Nicht-Zoos abgegeben werden, kann es zu einer Bezahlung kommen. Dies trifft aber nur auf Haustiere wie Alpakas, Schafe, Ziegen, Rinder oder auch Geflügel zu.

Natürlich sterben auch Tiere, das gehört wie die Geburt zu den ganz normalen Vorkommnissen. Vielfach werden in Zoologischen Gärten die einzelnen Tiere wesentlich älter, als sie in der freien Natur werden würden, und nachdem sie oftmals sehr lange hier waren, ist es immer traurig, wenn sie eines Tages nicht mehr da sind. Beispielsweise war es wirklich schwer, sich von Abu und Toto zu verabschieden, den beiden Breitmaulnashörnern, die als älteste Nashörner der Welt im Alter von 45 Jahren verstorben sind und immerhin über 25 Jahre in Augsburg lebten.

Was passiert in einem Zoo mit Tieren, die gestorben sind? Üblicherweise wird eine Obduktion durchgeführt, um die Todesursache zu klären. Es könnte ja eine ansteckende Krankheit die Ursache sein, und dann müssten geeignete Maßnahmen eingeleitet werden, um den restlichen Tierbestand zu schützen.

Was noch ...

Wie unser Buch gezeigt hat, gibt es im Zoo ständig Veränderungen. Tiere werden geboren oder sterben, andere werden abgegeben oder kommen hinzu. Und dann treten natürlich Ereignisse ein, auf die man keinen Einfluss hat. Die hier beschriebenen Geschichten und Tierporträts sind jeweils Momentaufnahmen, die sich bis zum Schreiben dieses Nachwortes schon wieder verändert haben. Bis das Buch dann erschienen ist, wird sich wieder einiges geändert haben – aber dann kann mein Nachfolger zum 150. Geburtstag des Augsburger Zoos einen Fortsetzungsband schreiben, oder der geneigte Leser (diese Formulierung wollte ich schon immer einmal verwenden) kann an einer Führung durch den Zoo teilnehmen und sich auf den aktuellen Stand bringen lassen.

Zum Schluss möchte ich aber doch noch versuchen, die Fakten zu aktualisieren, so wie sie sich am heutigen Tag darstellen:

... Nashornbulle Kifarou hat sich sehr um die Damen bemüht; ob es schon gereicht hat, damit Nachwuchs geboren wird, zeigt sich erst in einigen Monaten. Jetzt im Winter können wir die Tiere nur kurz und getrennt auf die Außenanlage lassen.

... Mandrill Cita mußte leider aus Krankheitsgründen

eingeschläfert werden, Barbarossa hat jetzt die Gruppe übernommen. Er hatte es am Anfang nicht leicht, da ihn die Mandrilldamen zunächst nicht akzeptiert haben und ziemlich ärgerten. Er konnte sich aber durchsetzen und ist jetzt der uneingeschränkte Boss.

... Nachdem Watussirinder seit vielen Jahren im Zoo Augsburg gehalten wurden, werden sie in allernächster Zukunft abgegeben. Mit der Anwesenheit der Nashörner auf dem Afrika-Panorama ist das Handling der Rinder schwierig geworden. Die Haltung ausschließlich auf dem vorderen Teil der Anlage ist perspektivisch nicht schön. Dafür wird es bald wieder Strauße auf dem Afrika-Panorama geben.

... Nach dem Unfall bei den Elefanten durch Sabi, bei dem ein Tierpfleger schwer verletzt wurde, hat sich der Augsburger Zoo entschlossen, die beiden Afrikanischen Elefantenkühe abzugeben. Derzeit gibt es hier noch die beiden Asiatinnen Targa und Burma.

... Die 12er Gruppe bei den Kattas hat dann leider doch nicht dauerhaft harmoniert. Interessanterweise sind die beiden Münchner Männer Egon und Herbert aus der Gruppe gedrängt worden und leben mittlerweile in den Zoos von Apenheul (NL) und Straubing. Und die zehn verbliebenen halten die Zoomitarbeiter noch weiter mit ihren erfolgreichen Ausbruchsversuchen auf Trab.

... Bei den Fenneks hat die Zuchtbuchführerin nach unserem Rekordjahr, in dem insgesamt zehn kleine Füchse geboren wurden, einen Zuchtstopp für Augsburg ausgesprochen. So haben wir nun die Geschlechter getrennt. Im Tigerhaus werden hinter den Kulissen die Damen gehalten, der Vater mit seinen fünf Söhnen ist im Löwenhaus zu sehen.

... Das Jahr 2012 hat unglaublich erfolgreich beim ZIWA Rhino Sanctuary begonnen: Innerhalb von nur wenigen Tagen wurden zwei weitere Weibchen geboren, so dass derzeit wieder zwölf Tiere (sechs Weibchen und sechs Männchen) in Uganda leben.

Augsburg, den 22. Februar 2012

Danksagung

Zuallererst geht ein ganz großes Dankeschön an den Wißner-Verlag, denn er hatte die Idee zu diesem Buch. Herr
Wißner und Herr Friedrichs haben mich vor einem Jahr
erstmals im Zoo besucht und diesen Vorschlag gemacht.
Insbesondere Herr Friedrichs hat mich dann immer wieder
ermutigt, nachgebohrt und nicht locker gelassen, als ich
zwischendurch das Projekt schon aufgeben wollte. Ohne
diese Herren gäbe es das Buch nicht.

Dem Verlag kam auch die Idee zur Zusammenarbeit
mit der Hochschule Augsburg, Fachbereich für Gestaltung,
um das Buch mit Illustrationen zu versehen. Die Kurslei-
ter Prof. Erich Gohl und Udo Westermeyer waren sofort
bereit, in ihren Kursen die Idee umzusetzen, und die Stu-
denten haben begeistert mitgemacht. In vielen Gesprächen
wurden die einzelnen Geschichten besprochen, und das
Ergebnis sind die tollen Zeichnungen, die das Buch auf-
lockern – dafür ein ganz herzliches Dankeschön.

Bedanken möchte ich mich außerdem ganz besonders
bei den Zoomitarbeitern, die ich monatelang mit Fragen
nach erzählenswerten Geschichten genervt habe. Gerade bei
Episoden, die in historischer Zeit geschehen sind, mussten
manche Details viele Male erzählt werden. Geduld bewie-
sen haben insbesondere Herr Richard Gloge und Herr Pe-

 Hattest du etwa erwartet, dass sie mir dankt? Vergiss es.

ter Bretschneider, aber viele andere Zoomitarbeiter haben außerdem Ideen beigesteuert, auch dafür vielen Dank.

Wie so oft haben viele Menschen zusammengeholfen und gemeinsam dazu beigetragen, dass dieses Buch entstanden ist. Und obwohl nur ein Autorenname auf dem Titel zu sehen ist, ist es doch ein Gemeinschaftswerk – dafür an alle ein ganz großes Dankeschön.

Bildnachweis

... und vielen Dank an den lieben Pavian
für enorm hilfreiche Kommentare